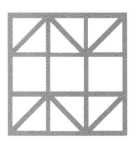

Architects & Engineers Co., Ltd.of Southeast University

东南大学建筑设计研究院有限公司

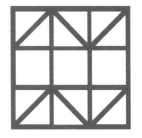

50

周年庆作品选

景观·园林
2005—2015

始

于

点

划

止

于

至

善

东南大学建筑设计研究院有限公司 50 周年庆作品选　景观·园林 编委会

编 委 会	葛爱荣
	高　嵩
	高　崧
	周广如
	施明征
	韩冬青
	沈国尧
	马晓东
	曹　伟
	周　宁
	高庆辉
	朱　坚

执行主编	高庆辉

编辑人员	盛子菡
	朱也艺

摄　影	钟　宁
	盛子菡
	杨冬辉
	唐小简

书籍装帧	皮志伟
版式设计	李　晶
	徐　淼

内
容
提
要

Abstract

为庆祝东南大学建筑设计研究院有限公司成立 50 周年而出版本作品选。本书主要收录了风景园林所近十年来在广场、滨水、校园、商业、行政等景观类型，以及风景区规划、城市景观设计、居住区景观设计、酒店景观设计、道路景观工程、校园景观规划与景观建筑设计等领域的优秀风景园林规划设计作品。工程项目以南京为点，辐射至国内各个地区。

东南大学建筑设计研究院有限公司风景园林所具备风景园林工程专项设计甲级资质，现有景观设计岗位专业技术人员 25 名，其中国家一级注册建筑师、注册规划师多名，学科专业涵盖风景园林、环境艺术、建筑设计、城市规划等，是一个多专业复合型的设计团队。

本书以精益求精的精神，兼顾学术性与原创性、专业性与大众性的特征，重点表达原创设计思路，突出展示景观空间与生态美学；遴选高标准、高完成度的不同类型景观作品，表现出风景园林所作为高校背景的专业风景园林设计机构的学术特色。

本书以图文并茂的形式，对相关作品的项目概况、设计团队、创作理念、建成照片以及简要图纸等内容逐一介绍，力图为业界同仁、业主客户及大众读者呈现风景园林所近年来的优秀成果。

东南大学建筑设计研究院风景园林所的作品选即将面世，同以往编写作品集有所不同，这是一个令团队全体成员都感到兴奋甚至激动的事情，这种兴奋和激动的原因不仅是因为我们全体设计人员都参与到编写的整个过程之中，更重要的是因为在编写的过程中每个人都深深体会到我们在创建的十年间所付出的艰辛劳动、我们共同的成长经历、我们所做作品的日渐成熟、我们设计理念的逐渐变化以及我们团队共同度过的点滴时光。这既是对过去所走过的道路的回忆和呈现，也是我们未来进一步去拼搏和努力的基石。

面对书稿，仿佛十年时光就在眼前，它并未远去，反而更加照亮了我们未来前进的方向。

十年前，凭借着我个人对园林设计的满腔热情，凭借着东南大学建筑设计研究院葛院长、高院长对园林设计行业前景的准确预期，我们在东南大学建筑设计研究院成立了风景园林所。当时景观设计这一概念十分流行，景观设计机构也日渐增多，风景园林一词已鲜有人提及，被认为是落后的称谓。可是在十年后的今天，我们的一级学科正式定名为"风景园林"，"风景园林"准确的指向和设计的内涵都适合于中国的现实，我们风景园林所十年所走过的道路和设计成果所涵盖的专业方向也正是风景园林学科在业内的体现。

十年前，我们的设计较多的是城市开放空间、城市空间节点和小型的城市公园，南京的新街口广场、大行宫广场、西安门广场等都是那一时期我们的作品，与此同时，我们设计了月牙湖公园、小桃园公园、八字山公园、聚宝山公园等一系列的城市公园。

随着学校校园建设的发展，我们设计了较多的校园景观，既有中小学景观，也有大学校园景观，如树人中学宿迁分校、东南大学九龙湖校区、南京警官学院、南通高等师范学校等学校的设计；其后以紫金山庄为代表的酒店业态的兴起，促成了集景区与高档酒店于一体的新的园林形态，我们设计了紫金山庄、金坛紫云湖度假区、常德柳叶湖度假区等一系列度假景观；行政中心区规模宏大，多以大型场地来衬托，我们先后完成了巩义市市民与行政中心、安庆市行政中心、天目湖行政中心等项目。

随着经济的进一步发展和园林设计理念向生态化、低碳方向转变，园林设计也从小、中型向大型，从城市向郊野，从粗放到生态集约不断发生变化。我们先后完成了高淳固城湖湿地公园、青奥文化与体育公园等设计项目。

园林设计中继承和发展的争论与研究一直在进行着，我们在园林从业的实践中越来越感觉到中国传统文化的博大精深。没有对传统园林的深入学习和研究，就不会有继承和发展。我们在6年前有机会进入古典园林设计领域，先后完成了常州大成一厂（刘国钧办公旧址文物）古典园林、镇江宝堰私家园林、广东中山诗画江南古典园林、南京胡家花园（部分）、南京河西"何园"、老门东小东园以及著名的芥子园的复建设计。

古典建筑也是我们学习、继承和发展传统文化的一部分，我们先后完成了夫子庙整体立面与环境出新和改造设计、秦淮人家整体改造设计、科举博物馆环境设计、老门东入口与主街巷环境整治设计等。这些古典园林和古典建筑设计为我们在传统园林设计领域奠定了坚实的基础，同时也培养出一批具有古典园林设计能力的设计师。

我们团队在十年时间里先后完成了数百项的景观设计，在南京留下了不少经典的作品，这些能够被认可和历久弥新的设计作品是我们遵循和坚持自己设计理念的成果。

我们团队秉承着"巧于因借、精在体宜"这一设计理念进行创作。"巧于因借、精在体宜"是计成在《园冶》一书中对造园设计的总结，也是我们风景园林所的重要设计理念。"因借"既包含着对外部所有设计条件、设计环境的考量，也包含着园林内部所创造的空间和要素之间的相互关系的处理与协调；既与外部环境相互关照、相互因借，也包含着内部场景之间的相互因借，其关键在"巧"。同时也要注意"体宜"，体宜既有体量、大小、尺度的推敲，也有对细节周到的把握。因此"巧于因借、精在体宜"虽短短8个字，却涵盖了园林设计的最为重要的内涵，而成为我们团队十年发展的重要的设计理念与原则。

十年的成长使我们从仅4人的设计小组发展成为以硕士研究生为主体的近30人的设计团队。目前，我们景观园林所已经成长成为集园林、建筑、水、电、结构、古建设计等专业一体的设计所，是可以胜任承接大型公园设计、景区规划设计、景观建筑设计、古典园林设计等综合而全面的设计团队。

随着时代的发展和变化，市场上的竞争会变得更加严酷和激烈，我们应当更加坚持自己的发展方向，坚持自己的设计理念，脚踏实地地进步，同时开拓视野，积极吸纳前沿的、先进的设计思想与理念，我坚信我们的前途会更加美好！

杨亦峰

东南大学建筑设计研究院成立于 1965 年，是具有建筑行业建筑设计（甲级）、公路行业（公路）设计（甲级）、市政行业（道路、桥梁）设计（甲级）、风景园林设计（甲级）、遗产保护与规划设计（甲级）、电力设计（乙级）及相关行业工程咨询（甲级）资质的中大型设计院。2011 年 12 月，经教育部批准完成了改制，更名为东南大学建筑设计研究院有限公司。

公司依托于东南大学悠久厚重的学术、科研底蕴和成果，作为建筑学院、土木学院等院系产学研结合的基地，十分重视学术研究与科技成果的转化。五十年来，已完成了数千项各类工程设计、咨询业务。近十年中，公司设计并建成的各类工程获得国家、省部级优秀设计奖达 200 余项。同时还获得了"全国勘察设计创新型优秀企业""全国建筑设计百家名院""全国勘察设计诚信企业""全国工程勘察设计信息化建设先进单位" "南京市精神文明单位"等荣誉。

公司现有工程设计技术人员近 600 人，其中各专业注册建筑师、注册工程师 220 余人。江苏省设计大师 2 人，省优秀勘察设计师 17 人，全国优秀青年建筑师 9 人。

公司积极开展国际交流与合作，与美国、英国、法国、德国、加拿大、瑞士、日本等十几个国家的著名设计事务所合作完成了多项建筑工程设计。

五十年来，公司始终秉承"精心设计、勇于创新、讲究信誉、优质服务、持续改进、顾客满意"的质量方针，竭诚为社会各界提供优质的设计和服务。始终致力于实现"让顾客更满意，让员工更乐业，让世界更精彩"的企业价值观。

目 录

城市公园·城市广场　Urban Parks & Urban Squares

南京国际青年文化公园

Nanjing International Youth Culture Park

设 计 团 队 Design Group	杨冬辉　侯冬炜　徐 佳	
	周宇坤　许 扬　蔡 峰	
结构设计团队 Structure Group	孙 逊　周师纯　郁晓铭	
合 作 单 位 Partnership	SWA	
用 地 面 积 Site Area	90 公顷	
设 计 时 间 Duration	2012.1—2014.7	
建 成 时 间 Complete Time	2014.7	
文 字 Article	侯冬炜　徐 佳	
摄 影 Photo	钟 宁　盛子菡　周宇坤	

概述 Overview

南京国际青年文化公园位于南京河西建邺区江山大街及滨江区域，包括青年公园和青奥轴线。公园采用简洁动感的现代景观形式、丰富的配套活动设施，力图吸引各个年龄阶段、不同背景、不同喜好的人前来，成为南京河西新城的中央公园。

Nanjing International Youth Culture Park is located at Jiangshan Street and the Riverside area of the Jianye district in Nanjing River-west New City. The project includes the Youth Olympic Axis and the Youth Park. With simple but dynamic modern landscape design, as well as lots of supporting facilities, the project aims to develop a central park that attracts people from multiple background and age groups to the River-west New City.

整体鸟瞰效果图

遮阴廊架

南京国际青年文化公园位于南京河西建邺区江山大街及滨江区域，2014年南京举办第二届世界青年奥林匹克运动会，青奥村地区位于河西新城区中南部，该地区规划确定为具有南京滨江特色的新城区、休闲旅游胜地。据此，青奥村地区建设分别建设运动员村、会议中心和青年文化体育公园等项目。青年文化体育公园项目呈T字形，占地约90公顷。

南京国际青年文化公园以聚引人气为设计宗旨。简洁动感的现代景观，丰富的配套活动设施，宜人的尺度，令人入迷的夜晚灯光，就像当代青年和运动员所体现的精神。

南区中心水景

中轴线效果图

南区异形架空栈道

南区架空栈道

南区生态湿地

南区生态湿地

大草坪与顾翔兵雕塑

南区荷花广场

河西青年文化中心屋顶平台

南区中心水景

公园南区的一系列水处理池塘可以产生积极的生态效应。地表径流通过收集进入若干级跌水系统，经由"水杉森林""浮岛湿地""龟岛湖泊"进行净化，净化后的水源可用于景观灌溉、湿地补水，或排入城市河流。人们可以通过不锈钢栈道在湿地内穿行，体验人工湿地和被吸引来的野生动植物群，也可以漫步在架空的竹木栈道上，俯瞰湿地景色。

公园中轴线上营造出一片绿意盎然的大草坪，两侧设计碎石道路通向顶部的日落平台。平台上设计钢结构的竹木遮阳架，青砖铺地让人感觉更加亲切，平台东侧的坡地两侧种植各种当地常见的草花，以及有规律排布的条石坐凳，营造简洁轻松的城市公园氛围。

公园通过采用本地植物（例如沿江漫步道上的悬铃木）和材料（青砖、石材等）向世界介绍南京丰富的历史和文化，体现出当地特色。

解放门游园景观设计
Park for Jiefang Gate, Nanjing

设计团队 Design Group	杨冬辉　张亚伟　蔡　峰　经雨舟	
用地面积 Site Area	7400平方米	
设计时间 Duration	2013.7—2013.10	
建成时间 Complete Time	2014.1	
文　字 Article	张亚伟	
摄　影 Photo	钟　宁	

概述 Overview

为保护明代城墙，凸显古都风貌，解放门东南先拆除市府大院沿城墙六幢建筑，还地还景于民，后秉承"传承文化、恢复生态、服务市民"之理念，精心设计、精细施工，于2014年1月1日建成此游园。游园占地7400平方米，取明代城墙之气势，得民国建筑之神韵，厚重古朴，简洁凝练。园内有赏樱亭、紫藤架、观景台、游步道，植樱花百余株，将鸡鸣寺樱花大道景观引至园内，又与园内桂花、茶梅、红枫相映成趣。盛花时节，烂漫如云，蔚为壮观。此园落成，既可彰显金陵园林之特色，更为增益南京市民之福祉。

To protect the City Wall of Ming Dynasty and show the scene of historical capital, with the idea of "culture inheriting, ecology restoration, citizen servicing", the government diamantled 6 buildings along the City Wall in the Southeast of the Jiefang Gate and constructed a park for citizen in 2014. The park coveres an area of 7400m², with style of Ming Dynasty and the Republic of China era. Designers use hundreds of plants link the scene inside and outside, provide citizen a new place of rest.

西侧钢结构观景平台

本项目位于南京解放门东南角，市政府北侧，紧倚明城墙，总面积约7 400平方米。

其中东侧景观区原为市政府后勤、办公用房，建筑拆迁后地面重新覆土种植与铺装营造游园，中部为已建成绿地，利用现状略作改造，西侧沿鸡鸣寺路入口原为樱花小广场及绿地，规划将其改造为西入口区域。

本项目秉承"还路于民、还绿于民"的总体规划要求，将设计功能定位于建设面向市民开放的绿地游园。本项目西接鸡鸣寺解放门及樱花大道，东侧延伸未来可与九华山公园相接，是环玄武湖城市开放景观带的一部分。

公园内建设绿地、步道、小品，定位面向市民休闲、游览、观景的城市开放公园。

方案设计从解读区域内历史积淀入手，场地内历史文脉遗存丰富，北侧为明代古城墙遗址，南侧市政府大院为民国考试院，院内存有武庙遗址等多处文物古迹，场地西侧为古鸡鸣寺。

众多的历史遗存为场地倍增浓厚的历史文化气息，方案设计取明城墙之气势，得民国建筑之神韵，深入挖掘地块内城墙文化与市政府大院内的民国历史文化。通过景观设计语言展现基地内的文脉特点，采用厚重古朴的景观形式、简洁凝练的景观语言：主要景观色调选取城墙的灰色调，并根据城砖的不同色彩，提炼出青灰、浅灰和暖灰三种景观色彩。

游武东部注 场西星

主广场下层平台东望

景观材料选择体现传统与民国建筑特色的青砖作为大面铺装及贴面材料，屋面采用青灰色筒瓦，同时通过对市政府大院内民国建筑细节研究，抽取其细部线脚做法，形成景观小品元素，运用于路牙、坐凳及灯具设计细部。

本项目综合运用多种绿化技术手段，全力打造生态低碳环保的城市游园。

植物造景以樱花为特色，将鸡鸣寺樱花大道延续至本公园内，使鸡鸣寺樱花大道景观序列在此形成高潮。下层植被通过宿根花卉如二月兰、玉簪等形成地被色带，营造特色。

其他区域引入适宜城墙侧生长的常绿与落叶小乔木、灌木搭配，如茶梅、桂花、红枫等，形成绿色背景林，使四时有景。同时，采用多种生态技术措施，如灌溉系统、生态透水材料等，打造绿色低碳的公园典范。

公园整体流线内以东西向道路贯穿，其中西侧地块面向鸡鸣寺打开入口，通过规整的台阶把人流自然引入公园，是游园系统连接鸡鸣寺、玄武湖的重要节点，也是登城观景的入口之一。

设计在最大程度上保留现状绿化的前提下打开视线通廊，通过宽大的台阶引入人流，并设置多层景观台地，充分利用现状树木、山石造景，入口景墙采用片石墙面，造型质朴自然，富有野趣。

拾阶而上，在原水房构筑物之上营造钢结构观景平台一座，游客可在此凭栏远望鸡鸣寺，景观视野极佳。

东侧绿地为狭长条带形，西侧设置花廊架，中部为主广场及下层平台，此处场地开阔，为欣赏鸡鸣寺与紫峰大厦对景绝佳之处。主广场东侧有民国风格景观亭一座，可满足游人小憩之需。场地东侧连接公教一村处设置圆形晨练广场。

场地东西两侧以曲折樱花园路相连接，道路上刻有樱花浮雕点明主题。地块北侧沿城墙侧另辟弧形绿道，绿道两侧遍植樱花，游客可穿行其间，别有一番趣味。

城墙下花架长廊

硬质广场

玄武门至神策门段环境综合整治工程

The Environmental Improvement Project from Xuanwu Gate to Shence Gate, Nanjing

设计团队 Design Group	杨冬辉　伍清辉　叶　麟　丁广明　蔡　峰
	周宇坤　张　曼　许　扬　周艳华
用地面积 Site Area	76312 平方米
设计时间 Duration	2012.12
建成时间 Complete Time	2014.1
文　字 Article	伍清辉
摄　影 Photo	钟　宁

概述 Overview

玄武门至神策门段环境综合整治工程基地位于风光秀美的玄武湖畔，紧邻南京的城市名片明城墙，是南京市推进中央公园建设，完善明城墙周边环境，提升城市景观水平的重点项目之一。建设地块为自玄武门至神策门，沿明城墙以西30~50米范围内的狭长地块，长约2.3公里，总面积约7.6万平方米。

The environmental improvement project from Xuanwu Gate to Shence Gate is located in scenery Xuanwu lake, adjacent to the landmark of Nanjing – the City Wall of the Ming Dynasty. It is one of the key projects for enhancing the level of urban landscape in NanJing, in order to promoting the construction of the central park in Nanjing and improving the City Wall of the Ming Dynasty surroundings. The construction project addresses from Xuanwu Gate to Shence Gate, a narrow massif within a scope of 30 to 50 meters along the west of the City Wall of the Ming Dynasty. It is about 2.3 kilometers long, with a total area of about 74 000 square meters.

玄武湖管理处下层广场

错动广场一

错动广场一

玄武湖管理处下沉广场

本项目为南京玄武门至神策门段城墙以西30~50米范围内的景观改造工程，是明城墙风光带的重要段落之一，也是古都南京山水城林规划格局的重要组成部分。

南京城墙最大的特点是生态自然，"得山川之利，控江湖之势"，更具古意和野趣。随着明城墙申遗工作的开展，南京近年来围绕明城墙先后建成了一系列新景点。其中：小桃园的桃花，长干里的时令草花，雨花门一线的垂柳，汉中门墙上的爬藤，解放门外的樱花已成为独特的标志性景观，给人以深刻的印象。在此段明城墙景观设计中，适当加入秋景元素可为南京古城墙注入新的魅力。

另外，从设计主题的定位看，"怀古"是南京很重要的文化特征，"六朝金粉地，金陵帝王州"，2400多年的建城史给南京留下了丰厚的历史积淀和独特的审美意向。这一文化特征正适合以空旷幽远的秋景来体现。南京的气候特点也使秋天成为这里最宜人的季节，栖霞的红叶满山、石象路的浪漫秋色、灵谷寺的金桂飘香和满城的梧桐林荫路，都是南京著名的秋景。由此，本案以"古都秋韵"为主题，力图通过秋景的营造来勾勒古都南京的风貌。

设计从现状分析调研入手，提出了以下设计原则：打破城墙对城市空间的割裂，构建真正的山水城林；完善城墙游览线，重塑积极的市民生活，真正"还城于民"；以自然生态为本底，描画古都南京的独特韵味。

在设计中，结合现场具体情况，需要合理解决场地高程问题，结合高差和游线变化设置丰富的景观空间，做到动静分离，步移景异。

同时引入自行车游览道，完善慢行系统，增加玄武湖景区进入点的可达性，使城墙的游览线不再集中于几个点，而是串联成线，进而形成与玄武湖景区互相渗透的面。

沿途设置小型停留景点，增加游览趣味，并重点打造玄武门、隧道口景观节点，增强神策门附近节点的引导性。

结合场所特性，适当设置配套建筑，其功能以展示、休闲、服务为主，多采用覆土形式，体量上力求与所在空间相匹配。

在种植上引入秋季树种，通过色叶、香味、秋实、落叶等来营造秋景，渲染秋意，强化古都秋韵的主题。

整个基地全长近2.3公里，设计分为七个主题段落，由北至南依次为玄武秋韵、秋月春华、缤纷秋色、古都新貌、金风送爽、秋日私语、神策幽思，串联起一条从玄武门至神策门、由动及静、层层递进的慢行游览线。

风光带绿化局部透视

律动广场

玄武湖管理处

玄武湖管理处

南京大行宫市民广场景观设计
Landscape Design of Daxinggong Civil Square, Nanjing

设计团队 Design Group 杨冬辉
用地面积 Site Area 15 000 平方米
设计时间 Duration 2003.11—2004.12
建成时间 Complete Time 2005.10
文　字 Article 杨冬辉
摄　影 Photo 钟　宁　盛子菡

概述 Overview

南京大行宫市民广场地处"总统府"、中央饭店和南京图书馆新馆之间。广场有机整合了民国历史文化元素，地面铺装、小品设计用材简朴，多为青砖、青石板、素混凝土等材料。

广场上遍植乔木，并合理配置灌木、地被、草坪，绿化率达76%，设置了一些读书休息坐椅。大行宫市民广场是"集文物保护、历史教育与文化休闲于一体的历史文化广场"，是南京长江路与中山路的重要景观节点。

Daxinggong Civil Square located between Nanjing Presidential Palace, Central Hotel and Nanjing Library. This Plaza integrates the historical culture elements of the Republic of China organically, the floor coverings, landscape sketches are made from austere materials, mostly are brick, quartzite, plain concrete and other materials.

Arbors are planted on the plaza together with rational allocation of shrubs, ground cover, lawn, the green rate is 76%. Seats are also set for rest and reading. Its properties can be positioned as a historical culture plaza combined of 'heritage protection, history education, culture and leisure' .

地面旱喷

休息区

广场中轴线

大行宫市民广场位于南京近代历史博物馆正前方，北至长江路（总统府正门），南至中山东路，西至南京图书馆新馆，东至江苏省美术馆（新馆）。其中长江路为民国风格景观路，沿路汇集了汉府饭店、人民大会堂、江苏省美术馆以及南京近代历史博物馆等民国建筑；中山东路为"南京长安街"，是"民国子午线"的重要道路，沿路汇集了从明清到民国的一系列重要历史建筑。大行宫市民广场即立基于这样一块融历史文化和现代文化为一体的场地之中。

场地原为L形空旷用地，场地下面建有两层的地下人防建筑。周边建筑基本保持完好，场地西侧是南京图书馆，南侧是中央饭店，饭店外的高大水杉树带，已经同周围环境形成协调的关系，并被巧妙地融入新的景观设计当中。

"历史"—"现实"、"传统"—"现代"，二者强烈的碰撞是设计构思的切入点，也是大行宫市民广场主体的缘起，更是贯穿整个设计过程的灵魂。大行宫市民广场隐喻历史，具有展示、欣赏和追古思今的历史意义，同时也是市民休闲、读书的重要场所。

树阵广场

跳泉广场

景观设计成功地将总统府、中央饭店、南京图书馆新馆等空间体有机整合，成为南京新的历史文化的一部分，共同创造南京新的文化内涵。

景观设计应对周边众多的严谨、对称、庄重的历史建筑，因此广场本身的轴线与对位关系就显得尤为重要。由于主轴线进深的限制，设计通过轴线的转折在广场上形成了与主轴线相垂直的历史轴线，历史氛围由此而展开；与南京图书馆新馆相平行设置的文化轴线在广场转弯处形成自然的转折，同时通过文化轴线将中山东路的历史文化自然引入主广场之中。

设计中将广场处理成为四个主要空间，通过轴线的转折、穿插、错动以及空间的高低变化等的处理手法使景观空间既完整统一，同时又处处充满变化。空间的变化与组织通过乔木树阵的序列感，充分形成了充满吸引力的林下空间，形成宜人的尺度、舒适的空间，在一列严肃的外表下最大限度地展现了空间的活力和空间的吸引力。

孙中山铜像回迁暨新街口广场改造工程
Regenaration Project of Xinjiekou Square, Nanjing

设计团队 Design Group	杨冬辉　蔡　峰　路苏荣　叶　麟　赵　迎	
用地面积 Site Area	30 000 平方米	
设计时间 Duration	2009.10—2010.4	
建成时间 Complete Time	2010.5	
文　字 Article	杨冬辉	
摄　影 Photo	钟　宁　盛子菡　周宇坤	

概述 Overview

新街口是南京的中心，有着深刻的历史记忆，在南京市民心中有着深刻的城市印象，孙中山先生铜像重返让人们从那些浓重的商业氛围中体会到一座历史文化名城的历史厚重感，给经过这座城市的人们留下属于这座城市的独特意象。

设计不仅要考虑铜像的回归，更要体现一种文化和一段历史的回归，要让铜像与其周围的新的环境相融合，处理好历史文化与商业之间的关系。设计采用多层次的绿化，相同的景观肌理使得整个区域形成一个整体，铜像、绿化、广场、建筑有机融合，塑造一个富有现代气息和纪念意义的城市空间和商业场所。

Xinjiekou, as the center of Nanjing, has the profound historical memory, which is impressive among the Nanjing citizens. The return of Sun Yat-sen statue helps the public find the decorous feeling of history storing in this city from the thick commercial atmosphere, so that the city leaves travelers a unique impression that belongs to the city itself.

Therefore, the design should take both the return of the statue and the embodied culture and history into consideration in order to achieve its integrity with the new environment, which is of great importance in dealing with historic culture and commerce.

It adopts multiple level of greening, applying the same landscape texture, to harmonize the whole area organically, including the statue, landscaping, square and architecture, and finally to mould the business place that possesses contemporary look and commemorative significance.

中山先生雕像

雕像台基

雕像台基

分车带与分车带

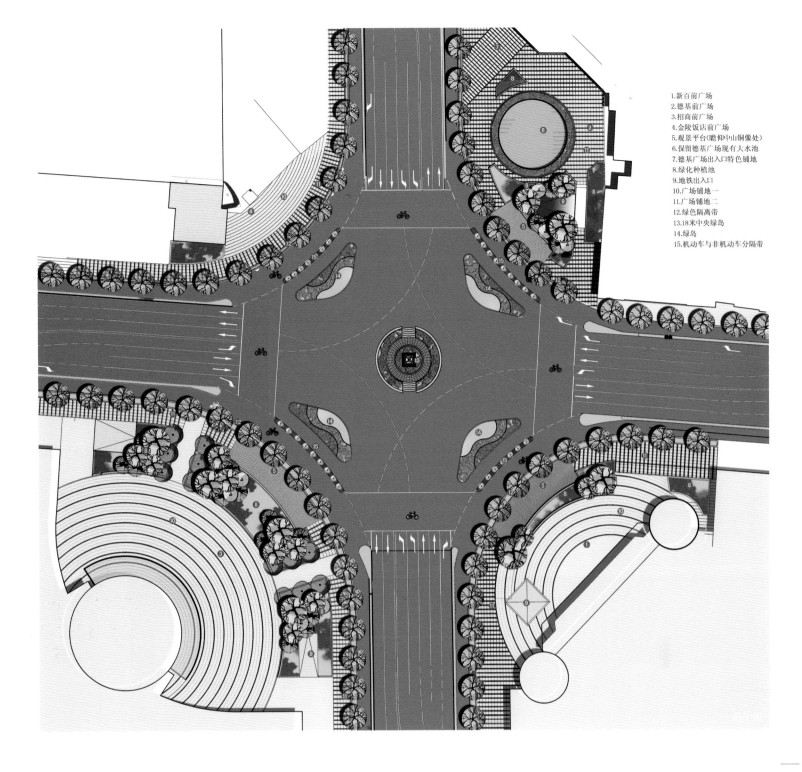

南京是历史文化名城、山水之都、博爱之都,那尊曾经矗立在新街口,南京四条城市历史性主干道的交汇处的孙中山先生铜像,影响我们几代人。孙中山先生铜像因为地铁的修建暂时被迁出,它的回归,不仅增强了南京作为一座历史文化名城的历史感,还给生活在这座城市以及短暂地停留、经过这座城市的人们留下属于这座城市的独特意象。

铜像的回归并不是单存的回归,而是一种文化的赋予,是让铜像与其周围的环境融合,凸显历史文化名城这一意象概念,并新的历史环境相适应。

新街口广场处于四条干道的相交处,东为中山东路,通向中山门,南为中山南路,通向中华门,西为汉中路,通向汉中门,北为中山路,通向鼓楼广场。中山东路、中山南路、汉中路和中山路四条主干道宽度均达30余米。

中山东路、中山南路、汉中路和中山路都是历史比较悠久的主干道，其行道树都以梧桐树为主，长势比较好。除金陵饭店周边有部分绿地以外，其他三个主要商业入口广场几乎没有任何绿化种植。由于多年地铁施工的缘故，整个中心广场的交通状况比较混乱，自行车与机动车随意交叉通行，存在较大的安全隐患，自行车停车场随处可见，严重影响了商业广场的整体形象。

在设计上，需要有机地把各个建筑融于整体环境之中，保持各个广场统一的肌理并使之相互呼应，在视觉和感官上达到和谐统一，形成整体的景观效果。同时应尽量减少高层建筑与中山铜像在尺度上的矛盾冲突，设置缓冲地带，在人视阈范围内弱化高层建筑的影响力。

在构思上，首先在整体上强调景观的全方位组合及要求，考虑环境、空间、建筑的相互作用，通过点、线、面的不同组合及重点布置，强调景观面的整体感受，统一各个广场前的景观，形成整体的广场环境，塑造富有现代气息和纪念意义的城市空间和商业场所。其次孙中山先生铜像位于核心位置，景观设计上充分利用多层的绿化来降低周边高层建筑对其的影响，使其置身于绿色的环境中。

在细节设计处理上，首先是将铜像含基座的高度保持在11.12米，维系戴版铜像原来的寓意。其次在铺装上保持南京新百、德基广场、金陵饭店、招商银行等前广场在铺地样式和材料上的统一。在绿化上，为降低周边建筑对孙中山铜像的影响，设置了三层绿化：观瞻广场背景绿化、人行道绿化、道路绿岛，拉伸铜像与建筑的距离感。最后在设计上充分考虑铜像的历史及标志性，所以在南京新百、德基广场、招商银行前设置观瞻广场，方便游人拍照留念。

德基广场

中山先生雕像

人行道铺装

转角广场

南京西安门广场景观设计
Landscape Design of Xi'an Gate Square, Nanjing

设计团队	Design Group	杨冬辉
用地面积	Site Area	15 000 平方米
设计时间	Duration	2002.7—2002.10
建成时间	Complete Time	2003.1
文　字	Article	杨冬辉
摄　影	Photo	盛子菡

概述 Overview

南京西安门公园位于南京中山东路和城东干道的交汇处，该地块北至中山东路，南至西华门宾馆，东至规划道路，西至龙蟠中路，占地约1.5万平方米。西安门是南京明故宫宫城的西门，也是明故宫宫城唯一保留的城门。目前西安门保留有明城砖砌筑的三个拱券式的城门，以及连接城门的部分城墙莲花座基础。

"西安门城墙遗址"是整个公园设计的中心和灵魂所在。整个公园以西安门城墙和莲花座基础为中心，在明代宫城的整体空间格局的基础上，以强烈的中轴对称手法，延续明故宫宫城的空间结构，使得历史的碰撞在景观中得到呈现。

The Xi'an Gate Park is located at the intersection of East Zhongshan Road and East Main Road. The site is south of East Zhongshan Road, north of Xihua Gate Hotel, east of Middle Longpan Road and west of a new planning road, with a total area of 15000 spuare meters.

Xi'an Gate is the west gate and only remaining gate of the Imperial Palace of the Ming Dynasty in Nanjing. The remaining part of the gate includes three arched gates and some of the lotus bases of the City Wall connected to the gates.

The heritage of the Xi'an Gate city wall is the center and core of the park. The project designed a axisymmetric space based on the exsiting heritage structures. The project aims to create an extension of the old Imperial Palace of the Ming Dynasty as well as a transition landscape from the old to new Nanjing.

树阵广场

城墙段口

入口甬道

城墙残段

宫城须弥座

甬道与广场

场地本身虽仅有　段城墙残留，但具有强烈的历史遗迹感，是本案涉及的核心和灵魂。

设计保留皇城的东西轴线延续感，空间序列围绕西安门展开。东西向的轴线为主轴线，即历史轴线，这条轴线上集中展现了明城墙的文化和历史。围绕西安门的是一条环形轴线，即休闲文化轴线，设计试图通过现代空间的转换，采用同古城墙的时空交替、错位的对比手法来表达传统与现代的融合，同时为古城门提供了各种不同的欣赏空间与欣赏距离。

主轴线的起点是位于龙蟠中路上的一个小广场，由一块标志碑说明了建设此广场的因由缘起。入口广场与主轴线高差1.2米，这是明代距今所遗留的文化层的厚度。从广场两侧的踏步拾级而下，即进入青石板铺筑的城墙甬道，进而缓步进入城门洞，莲花座的城墙基座、古朴的明城砖、城墙遗址垛口处垂直而下的攀援植物，都在述说着历史的久远。在石板路与城门之间设有一个小的石碑，中间嵌黄铜锈蚀的明宫城图，斑驳的色彩投射出古老的皇城古韵。

古老的西安门城墙四周则是斜坡状的灌木台地，从外向内倾斜，衬托出城门的高大与威严。石板路在灌木台地的交界处为向下的四级台阶，正中穿过城门进入后续空间，即西安门与附属建筑之间的空间。远处的建筑以一通透的环行廊道来作为主轴空间系列的结束。

下沉空间

环绕城墙一周，依然处于下沉1.2米的空间之中，围绕莲花基座而行，城墙的残段、登城踏道、古老的城砖铺地依次映入眼帘，将人与外界隔离开来，让人完全沉浸在古老的氛围当中。

沿城市道路的两侧是城市开放空间，它半围合着古城墙，与下沉的空间成对望的态势，同时又与城市干道直接相接。在这里，设计充分考虑了市民休闲娱乐的需求，从人的行为学角度出发来组织广场空间，从人体舒适出发设计了广场的细部，布置了公共设施，满足了市民日常欣赏、教育、休闲、晨练、健身等需求。

设计通过半围合的榉树广场形成古城墙的背景，同时于林下设置休息木坐椅，供人休息。榉树规则地布置于城门轴线的两侧，恰好填补了城门内侧通透的空间。在这里，现代简洁的构图手法运用于地面层，并与下沉1.2米的明代文化层的传统手法巧妙结合起来，借由下沉空间将文化的安静性和休闲人流的流动性隔离开来。

历史与现实，传统与现代，两者强烈的碰撞即是本广场设计的切入点，也是西安门广场主体的缘起，更是贯穿整个设计过程的灵魂。秉承尊重、继承、保护历史的原则，西安门的历史遗迹为城市提供了极佳的文化与景观观点，同时为建立城市个性奠定了良好的基础。

古典园林·传统商业街区建设与改造

Chinese Classic Gardens & Traditional Commercial
Block Regeneration and Reconstruction

古典园林
Chinese Classic Gardens
传统商业街区建设与改造
Traditional Commercial Block Regeneration and Reconstruction

南京国际青年文化公园—和园
Nanjing International Youth Culture Park-He Garden

总 顾 问 Consultant	叶菊华	
设计团队 Design Group	杨冬辉 周 宁 叶 麟 路苏荣	
	李晓静 张 曼 周宇坤	
用地面积 Site Area	5100 平方米	
建筑面积 Total Floor Area	1300 平方米	
设计时间 Duration	2013.12—2014.3	
建成时间 Complete Time	2014.10	
文 字 Article	叶 麟	
摄 影 Photo	钟 宁 周宇坤	

概述 Overview

南京国际青年文化公园是为迎接第二届青年奥林匹克运动会召开而精心打造的重点工程。和园位于整个公园的北部片区，由一栋徽派老宅与一组传统古典园林建筑组合而成，形成了具有古徽州特色的古典园林景观。整个园林空间是以传统景观建筑围合的六个大小不同的院落组合而成，以一条景观流线贯穿，最北侧以假山湖景庭院作为结束，形成了一个序列性的古典园林。

Nanjing International Youth Culture Park is established to welcome the second Youth Olympic Games as an elaborate key project; the Harmonious Garden is located in the north of the park. It consists of a Hui-style building and a set of traditional classical garden architecture, which integrates the ancient Huizhou architectural features into this garden. The whole garden is combined by several courtyards that surrounded by traditional landscape architecture, as the main landscape path runs through the six courtyards of different sizes, ended by the rockery lake yard, being as highly sequential classical garden.

和园主入口

元·赵孟頫《吴山亭》

百尺新亭,
起碧浔,
长藤古木
郁萧森。
水重山掩
分吴越,
汐落潮生
自古今。
飞鸟去边
浮海色,
夕阳明处
散秋阴。
亚云长近
仙台上,
时听萧萧
月下吟。

和园鸟瞰

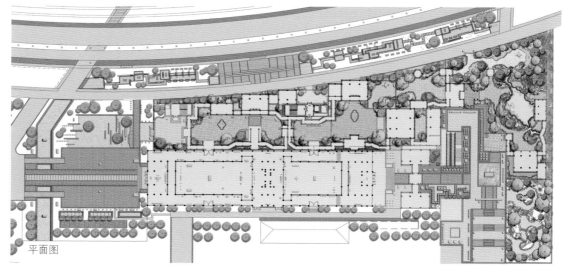

平面图

南京国际青年文化公园是为迎接第二届青年奥林匹克运动会召开而精心打造的重点工程，也是南京滨江风光带的重要一环，具有"临江"和"青奥"两大特色。用地面积（包括交通系统）约75.6公顷，呈T字形，包括南京国际青年文化公园及青奥轴线。公园占地面积50万平方米，总建筑面积约9.7万平方米。

南京国际青年文化公园—和园位于整个公园的北部片区，由一栋徽派老宅与一组传统古典园林建筑组合而成，形成了具有古徽州特色的古典园林景观。

和园主体建筑是一座具有300多年历史，以中间戏台为核心，前后两进院落，具有牌坊、马头墙、飞檐和雕刻精美的花窗，完全原汁原味的明清老宅。

老宅西侧的整个园林空间以传统景观建筑围合的若干个院落组合而成，以一条景观流线贯穿六个大小不同的庭院，最北侧以假山湖景庭院作为结束，形成了一个序列性很强的古典园林。

整个园林由南至北，从庭院进入，以长廊为引导，经小庭院、小轩至最北侧院落，其中心水面使人豁然开朗。景面逐步展开，空间由小而大。游走亭廊轩水榭之时，可驻足停留，赏园内园外之景，别有新意。水体形成整个园子的中心景观，周围置以水榭、亭廊、厅堂，辅以堆山叠石，饶有意境。

和园入口广场

和园入口广场

庭院

假山湖景庭院

侧亭

和园主入口

门窗阅

园中建筑类型丰富，布置方式灵活有趣。建筑类型有厅、轩、旱舫、水榭、亭等，造型参差错落，虚实相间，既满足功能要求，又与周围景色和谐统一。

园内多以叠石收边种植区域，主景设置一形体自然的太湖石假山，与池水相得益彰，形成山明水秀、高低错落的空间，意境幽远。

种植设计参考江南古典园林植物配置手法，以不规整、不对称的自然式布置为基本方式。植物配置手法直接模仿自然，根据景点立意和整个园子的意境来配置，将景点与植物相结合，充分表达出园子的景观特征。

乔木品种主要有广玉兰、女贞、罗汉松、白皮松、香樟、榔榆、榉树、朴树、槐树、乌桕、桃、李、紫薇、紫荆、枇杷等；灌木品种主要有瓜子黄杨、桃叶珊瑚、丝兰、月季、金丝桃、黄馨、连翘、迎春、箬竹等；地被品种主要有细叶麦冬、阔叶麦冬、常春藤、萱草、玉簪、虎耳草、络石等。

建成后的和园已经接待多位国家元首，成为南京国际青年文化公园中特别的一景。

墙体细节

苏州重元寺莲花岛设计

Lotus Island of Chongyuan Temple, Suzhou

设计团队	Design Group	周小棣　唐小简　伍清辉
用地面积	Site Area	30 000 平方米
设计时间	Duration	2006 年
建成时间	Complete Time	2007 年
所获奖项	Honour	2010 年获得教育部优秀设计二等奖
文　字	Article	唐小简
摄　影	Photo	钟　宁　盛子菡

湖中莲花岛

概述 Overview

重元寺莲花岛设计基地位于苏州工业园区阳澄湖中，重元寺寺庙区南侧。该地人文气息浓厚，自然景观优美，是一块不可多得的景观优美的用地。随着重元寺的兴建，基地周围又建设了多个优秀景观环境。本设计力求延续原有规划风格，在设计中充分利用自然资源，创造出景观环境的视觉中心。

The Lotus Island of Chongyuan Temple is planned to be established in Yangcheng Lake in Suzhou Industrial Park, located in the south of Chongyuan temple district, which is a rare graceful place for landscape construction considering its strong cultural atmosphere and beautiful natural environment. Along with the establishment of Chongyuan Temple, many other excellent landscape sceneries have also been built. This design strives to continue the original construction plan, making use of the natural sources to create the scenic centre of this area.

莲花岛平面图

莲花岛入口鸟瞰

由莲花岛望重元寺

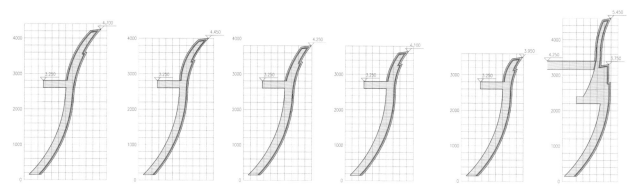

莲瓣断面图

莲花瓣头景

莲花瓣实景

重元寺原为吴中巨刹，毁于"文革"期间。据清沈藻采《元和唯亭志》记载："重元禅寺，在唯亭山麓，自唐有之，为吴中大丛林之一。"为延续、保留和弘扬本地原有历史文脉，满足群众不断增长的精神文化需要，政府启动重建苏州工业园区重元寺。

设计在整体上强调景观的全方位组合及要求，考虑环境、空间、建筑的相互作用，重视从湖面、重元寺本体以及莲花岛内部观赏观音阁的感受，塑造出一个远观是浮水莲花、近看是富有传统寺庙前广场特色的空间。观音阁建筑占据全岛核心位置，景观设计上充分利用建筑所形成的视觉向心力和高低变化，强化景观线的远近组合。观音阁建筑为传统建筑风格，立面外观及细部形式充分体现了古典美学强调建筑的这一特色，以古典形式的小品及纹饰烘托气氛。

花池台阶实景

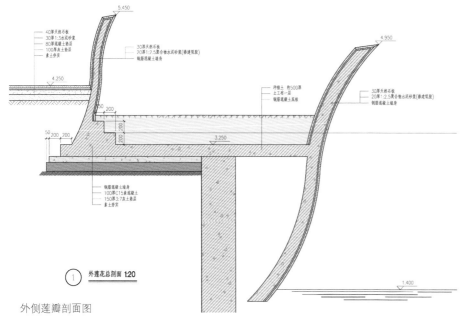

① 外莲花总剖面 1:20

外侧莲瓣剖面图

莲花岛铺装材质灵感来自于苏州地区寺庙中采用的传统铺地形式，以及当地特有材料。以仿金砖形式的青石板勾勒出南北主要流线，在建筑近旁围廊外侧也通过铺装的变化勾勒出人流通道，在主要活动空间位置以夹杂传统图案的石雕、砖雕等进行面上的分割。

从建筑边铺装通过台阶下至亲水平台，水池中种植莲花，契合莲花岛的文化内涵，也可软化大面积铺装带来的生硬感。里外两层莲花之间的广场空间正是此次景观设计方案的重点，扩大广场铺地面积增加了全岛游人容量，又形成了一个观赏观音阁雄姿的大型场地。广场外侧设置宽大台阶，可行可坐，解决了传统园林中休憩设施较少的缺点，并结合广场设置消防车道，以铺装材质变化进行界定。

在莲花岛外侧为两圈莲花瓣，上一级花瓣内侧可通行，花瓣高度不超过1米，满足造型需要的同时亦成为游人观赏湖景时可以撑靠的围栏。下一级花瓣标高降1米，不可通行，花瓣内侧满铺灌木，花瓣整体增加高度，外侧塑造莲花瓣纹饰，增加远观景观效果。结合阳澄湖可能开放的水上游览，在莲花岛南北两侧分别设置码头，增加水上游览线路停靠点。

外侧莲瓣花池

内侧莲瓣台阶

夫子庙文化环境提升整治工程

Confucius Temple Enviroment Regenoration Project, Nanjing

设计团队 Design Group　杨冬辉　周　宁　叶　麟　李晓静　蔡　峰　张亚伟　周艳华

用地面积 Site Area　　　30 000 平方米

建成时间 Complete Time　2014

文　　字 Article　　　　叶　麟

摄　　影 Photo　　　　　盛子菡

概述 Overview

南京夫子庙作为蜚声中外的旅游胜地，其改造工程不仅要统筹商业规划、商业模式的更新换代以及商业类型的整体提升，还要顾及与协调社会的整体怀旧情绪、文化认同和文化感知。本次改造整体上以恢复明清建筑传统风貌为基底，局部引入时尚现代的设计元素，提升景区整体的文化内涵，同时打造时尚的商业氛围。在充分尊重原有建筑形体的基础上，通过建筑山墙、门头、门窗、披檐等传统建筑语言的更新，增强传统建筑氛围、强化空间节奏。通过现代材料体现传统意境，利用时尚元素强化商业体验。

The Nanjing Confucius Temple district is a well-known tourist resort. The regeneration project of this district is a combination of the commercial planning, business model renewal, business type upgrade, as well as reinstatement of the historical and cultural context.

The main mission of this project is to recover the Ming and Qing Dynasty traditional architecture style in the area. By introducing modern design elements in the area, the project also aims to produce a fashionable commercial atmosphere.

With great respect for the original architecture, the design created a historic and dynamic space by using traditional architecture elements, such as gable, door ornaments and eaves. It also improved the commercial experience by combining modern materials and elements.

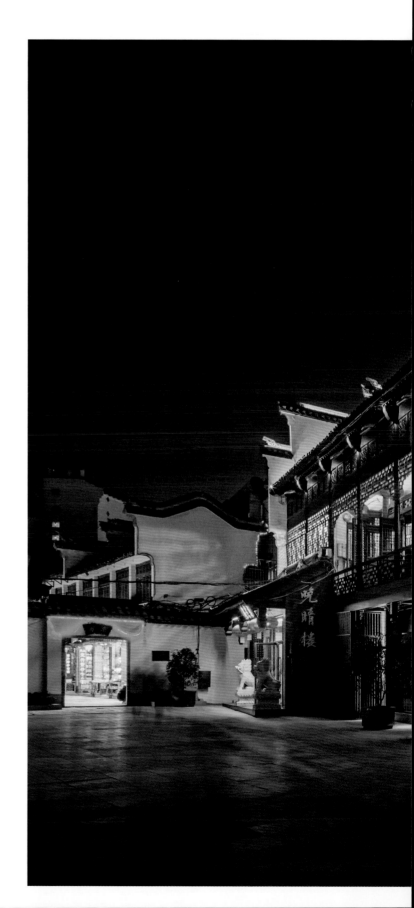

晚晴楼夜景

西牌坊入口

文源桥东侧

南京夫子庙是中国四大文庙之一，被誉为秦淮名胜而成为古都南京的特色景观区，也是蜚声中外的旅游胜地，是中国最大的传统古街市。1985年修复的夫子庙古建筑群高低错落，周围茶肆、酒楼、店铺等建筑成为秦淮风光的精华。

经过30年的风雨，现状的夫子庙建筑已年久失修，建筑立面样式混杂，色彩混乱，且地面铺装形式单一，文化景观环境丞须整治。本次改造工程不仅要统筹商业规划、商业模式的更新换代以及商业类型的整体提升，还要顾及与协调社会的整体怀旧情绪、文化认同和文化感知。

贡院牌坊

074

聚贤楼

夜景

夜景

夫子庙的建筑立面改造整体上以恢复明清建筑传统风貌为基底，局部引入时尚现代的设计元素，提升景区整体的文化内涵，同时打造时尚的商业氛围。

景观改造在强化历史文脉的同时，结合传统的夫子庙布局，重新分析夫子庙街巷的空间尺度，采用三段式设计，娴熟运用传统与现代的造景手法，来突显夫子庙的文化内涵。

本次景观改造中，还重点强化了主次两大景观轴线：文庙礼仪轴线以及科举轴线。

夫子庙主轴线（文庙礼仪轴线）：大成殿广场主要采用传统礼仪空间进行设计，形成从大成殿—棂星门—天下文殊–孔子问礼图—照壁一个完整的序列空间。

夫子庙次轴线（科举轴线）：结合科举博物馆形成从科举广场—砚池—明远楼—考棚一个完成的序列空间。通过贡院街巷串联，形成开合有致的景观空间，强化大夫子庙的文化景观形象。

夜泊秦淮

老门东历史文化街区主轴线景观设计

Main Axis Landscape Project of Laomendong Historical & Cultrual District, Nanjing

设 计 团 队	Design Group	杨冬辉　丁广明　周艳华　盛子菡	
用 地 面 积	Site Area	9000平方米	
建筑立面改造面积	Total Renovation Area	14000平方米	
设 计 时 间	Duration	2013.5—2013.9	
建 成 时 间	Complete Time	2013.10	
文 　 　 字	Article	丁广明　盛子菡	
摄 　 　 影	Photo	钟　宁　唐小简　盛子菡	

概述 Overview

老门东是南京老城南部地区的古地名，位于南京夫子庙地区箍桶巷南侧一带。历史上的老城南是南京商业及居住最发达的地区之一。本项目对老门东地区的外部环境和建筑立面进行了提升和优化，是配合老城南历史城区的保护改造工程。

Laomendong is a historical area of Nanjing old south city. It is located in the southern Gutong Alley of the Nanjng Confucius Temple district. It was once the most prosperous area commercially and residentially of ancient Nanjing . The project is part of the protection and reconstruction project of Nanjing old south city historical area. It is to renew and upgrade the architectures and landscapes of the area.

静池倒影中的牌坊

入口主轴线 →

静湖

初期的项目基地已经建成老门东牌坊一座，以及牌坊以北商业街段落的建筑及景观，剪子巷作为进入老门东文化历史街区的序幕，其建筑外立面与景观的更新改造，将更好地营造街区的总体氛围。设计范围具体包括箍桶巷90米、剪子巷西段230米、剪子巷东段330米的商户以及住宅楼建筑外立面改造等。

在立面改造的任务中，设计遵循修旧如旧的保护原则，通过材料、功能的精心组织和搭配，力争营造老城南悠久的历史文化氛围，和保护建筑取得相得益彰的效果。同时在技术手段上，将现代工艺和传统审美进行完美融合，为老城改造项目树立典范。

街角庭院

街角庭院

在环境整治部分，为了将箍桶巷设计成老门东的引导区域，经过多次讨论，最终将箍桶巷道路形式调整为中间6米人行道、两侧车行道、现状18米的道路，以老门东牌坊为中轴线进行两边拓宽，设计高于沥青地面约30厘米、由老石料铺设成的景观道，两侧设计绿化，强化此区域区别于外部道路的空间感，同时对人群进入景区进行引导，也使得人流与车流自动分离。

剪子巷西段道路拓宽，北侧设置2.8米的人行道，南侧增加街景设计。南京市盲人学校的建筑外立面确定为整体出新，非局部出新。其围墙沿剪子巷段不做退让，沿箍桶巷段根据道路拓宽的要求做相应退让。

如今的箍桶巷一改往日破败景象，道路交通流畅，街边建筑整齐，环境优美，为老门东历史街区的整体形象提升做出很大的贡献，对老门东的改造升级项目仍在继续。

主街

街角静池

细部二

景观规划与设计 · 道路景观

Landscape Planning and Design & Road

景观规划与设计·道路景观　Landscape Planning and Design & Road

黄龙岘生态旅游特色村规划

Huanglongxian Eco-Toruism Village Planning, Nanjing

设计团队 Design Group	唐小简	丁广明	叶　麟	张亚伟	
	周艳华	李晓静	盛子菡		
用地面积 Site Area	120 公顷				
设计时间 Duration	2013.1—2013.3				
建成时间 Complete Time	2013.6				
文　字 Article	张亚伟				
摄　影 Photo	盛子菡				

概述 Overview

本项目位于江宁街道东南，其茶叶久负盛名，有"江南第一针"之美誉。本项目深入挖掘黄龙岘的"茶"文化特色，项目整体结合自然环境与基地现状，通过建筑与环境改造、景观小品、街道绿化，局部增设接待中心及休闲茶馆等，打造特色茶文化休闲旅游"第一村"。

This project is located in the southeast of Jiangning Street which is famous for tea and is called "the first needle of Jiangnan". This project explores deeply on features of tea in Huanglongxian. It also combines the natural environment and the base conditions to build a tea featured leisure and tourism of "the first village", through transforming its architecture and environment, featured landscape and streets greening, and setting up the reception center and the tea house for relaxation.

黄龙潭沿岸

主街

大荣馆

基地位于南京市江宁街道东南部，紧邻汤铜公路和新开通的旅游大道（联一线），交通便利，区位优越。现状用地主要为镇村居民用地、茶园、水域及自然林地等。

设计围绕茶文化特色，以茶文化展示为内涵，建设融品茶休憩、茶道、茶艺、茶俗、茶浴体验、茶叶展销—研发—生产、茶宴调理、特色茶制品购买为一体的乡村特色茶庄，打造特色茶文化休闲旅游"第一村"。

农宅改造

大荣馆沿岸

大荣馆主入口

街景

后山竹海

街角庭院

规划设计以"美丽乡村，品茗黄龙"为景观主题，以"塑门户、串街市、显水岸、契文化、载民俗"为规划策略，充分结合自然环境与基地现状，营造茶产品生产、销售、展示、服务等功能空间。

项目重点打造茶风情长街，通过街道立面的改造及小品、绿化的设置，把整个乡村街道布置成茶文化展馆的绵长展台，由东向西在不同地段设置农家茶馆、民俗展示廊、名茶铺、茶工艺馆等主题不同的茶体验场所，特别是道路两侧增加了展示茶文化的街道家具，采用茶树、盆景等"见缝植茶"的方式丰富了道路景观，展示多种多样的茶叶种类，让人们在游玩中了解茶文化的博大精深和丰富意趣。

在茶风情长街的高潮节点设置黄龙大茶馆一座，大茶馆背水面街，面向风情长街引入客流，同时面对开阔的黄龙潭湖面，而茶山沿东西向展开。大茶馆借用黄龙潭及背后茶山为戏台背景，采用半开敞的亭廊式建筑形式，外形轻巧通透，富有江宁地方民居特色。大茶馆为游客提供品茶闻戏的舒适空间，同时亦可作为说书唱戏、茶艺表演、茶道展示的场所。

农宅改造

南京钟山风景区博爱园入口景观设计

The Entrance Landscape Design of Bo'aiyuan Park in Zhongshan Mountain Scenic Spot, Nanjing

设计团队	Design Group	杨冬辉　陶　敏　许　扬　丁广明
用地面积	Site Area	25 000 平方米
设计时间	Duration	2008.9
建成时间	Complete Time	2010.2
文　字	Article	许　扬
摄　影	Photo	盛子菡

概述 Overview

博爱园是南京钟山风景区核心景区的组成部分，也是紫金山南风景游憩区的主要组成部分。设计整体上强调景观的全方位组合及要求，考虑到环境、空间、建筑的相互租用，同时结合地块的历史文化要素以及交通功能的要求，使景观设计与现有建成景观、周边环境融为生态、协调的整体。

Bo'aiyuan Park is part of Zhongshan Mountain Scenic Spot's core area, also is one of the most important leisure sites of south Purple Mountain. The design emphasizes the relationship of its surrounding environment, space and architecture; at the same time, it fully combines site's history, culture factor, and also traffic function, make the new and old landscape into an ecological new park.

博爱园是南京钟山风景区核心景区的组成部分，是紫金山南风景游憩区的主要组成部分，是中山陵核心景区与南部城市建成区之间的过渡区域，也是城市通往明孝陵景区和中山陵景区的重要联系空间。

博爱园南入口广场位于南京市下马坊遗址公园东侧，西临高档别墅区，整个地块被沪宁高速公路连接线分割成南北两个区域，总面积约为25 000平方米。该地块在《钟山风景区总体规划》中隶属"沪宁高速南景观改善区"中段，被确立为钟山风景区的二级公园入口。

设计将博爱园南区口广场分为两大区域：南侧主入口区和北侧自然景观区。

南侧景观设计合理利用自然地形高差，尽量减少建设用地的改造土方量，将小型博物馆建筑与游园步道、生态地景巧妙结合，形成立体的步行空间，保持景区游览路线的连贯性，同时，形成静谧、具有历史感的景观氛围。

— 水面全景

入口木栈道

根据《明史》记载，洪武二十六年（1393）朝廷下令：车马过陵及守陵官民入陵者，百步外下马，违者以大不敬论。

南侧景观设计沿用入陵步道的意象，将步道从下马坊牌坊遗址公园延伸至设计地块内部，从基地南侧的步行道直接引入本区域，建成建筑的顶部则形成古迹观览休闲景观道，利用树池、景墙以及石刻石雕的设计，将历时景物串联，通过绿化和小品围合成丰富的步行空间，形成历时氛围。

曲折栈道

曲折木栈道

水边芦苇

北侧绿化

北侧地块为博爱园三谷之一——博爱谷的起点，设计以地形缓坡、水体为主。根据小红山前景观空间效果，以草地缓坡，结合局部的密林乔木，形成丰富的生态开阔植被入口空间，更好地体现博爱园景区入口的这一功能定位。

对于大面积的水体和绿化，设计尽量尊重原博爱园生态风貌，减少人工化痕迹，在局部起引导、点缀的部分，适当增加人工元素，以符合景区开阔活泼的性格特点。采用木栈道、缓坡台地等和自然相协调的景观构筑物，作为景观设计的元素，使得人工构筑物能够很好地融合于小红山的山前水体之中。

水边木平台

休息广场

商业广场挡墙

地下商业台阶

地下商业

聚宝山公园二期工程

The Second-Period Project of Jubaoshan Park, Nanjing

设计团队 Design Group	杨冬辉　蔡　峰　叶　麟　许　扬	
	路苏荣　赵　迎　丁广明　陶　敏	
设计时间 Duration	2008.7	
建成时间 Complete Time	2010.8	
文　　字 Article	蔡　峰	
摄　　影 Photo	盛子菡	

概述 Overview

聚宝山公园是南京市重点规划建设的15座郊野公园之一，有"金陵狮子林"的美誉。设计分利用聚宝山和杨坊山丰富的森林、水体资源，形成"南北呼应、东西一体、溪谷相间、欢乐体验"的总体空间格局，利用公园的山体、谷地、湖泊、溪流、密林，充分展现出公园的"自然""古朴""野趣"，将休闲度假与生态旅游有机结合。设计采用"自然—人工自然—原始自然"方式形成综合服务区、特色商业街区、生态森林公园、儿童乐园、森林氧吧、自然野区密林等六大主要功能区，着重突出公园"自然古朴，宁静致远"之天籁的意境。聚宝山公园不仅让市民享受到大自然得清新空气和林泉美景，也能有效地保护和恢复市区内的自然环境不再遭受人为破坏。

Jubaoshan Park is one of the 15 country parks which are planned and constructed in key in Nanjing; it fully uses abundant forest and aqueous resources of Jubao Mountain and Yangfang Mountain to form an overall spatial pattern "echoing by south and north, integration of east and west, alternation of trench, happy experience"; it uses mountain, valley, lake, brook and jungle to fully show park's natureness, simplicity and wild delight, and combines leisure vacation and ecological travelling organically. In terms of design, it adopts a "nature-manual natural-original nature" way to form six main function areas: a comprehensive service area, a characteristic commerce block, an ecological forest park, a children's park, a forest oxygen bar, a natural and wild area and pays attention to park's artistic conception of sounds of nature "natural and simple, calm and accomplished". Jubaoshan Park can not only make citizens enjoy fresh air and spring scene of the nature but also protect and recover urban natural environment in order to avoid being destroyed manually.

景观木亭

平石挡墙

自然山水林泉是城市的稀缺资源。聚宝山公园的首要目的即是保护城市开发过程中仅存的自然环境，让市民有机会能享受回归自然的乐趣，使游人感受到城市与自然山林的强烈反差。

项目采用"三元"理念：

1. 景观规划内容的三元：景观—生态—旅游；

2. 开发强度的三元：保留—恢复—利用；

3. 服务对象三元：自然—人与自然—人；

4. 景感三元：动态—静态—意境；

5. 基本构思原则三元：自然—朴实—野趣。

观景平台

水边游步道

开阔草地

漫步道

高架下生态池塘

水边栈道

木栈道

开敞草地

本项目在规划上以"保护为主，合理利用"为主题思想，充分利用丰富的森林、水体资源进行整体规划设计，形成了综合服务区、特色商业街区、生态森林公园、儿童乐园、森林氧吧、自然野区密林等六大主要功能区，并打造了一个完善独立的体系，给市民提供郊游的场所。项目通过重建自然来增加景观资源，大力恢复森林植被，蓄保水源，增加物种多样性和季节性景观，使得聚宝山公园草丰林密、溪塘水满、鸟兽成群、鱼虫繁衍，营造出结构稳定的群落景观区。设计充分考虑不同年龄、不同兴趣爱好游人的需求，设置完善的路径体系，安排适合市民登山、郊游、露营、野餐、观景、户外运动和认知自然等的游览路线，沿线布置百草园、绿野仙踪、绿波银练、涟漪湖、清漪湖、澄漪湖、儿童乐园、世外桃源、枫林漫步、水芳岩秀、云林远眺等别具特色的景点。为配合郊野公园的特点，设计尽量模拟自然，减少人工痕迹，在材料上选择更贴近自然的材料，以石材和木材为主。

燕山路道路景观提升工程
The Regeneration Project of Yanshan Road, Nanjing

设计团队	Design Group	杨冬辉　唐小简　路苏荣　许　扬
用地面积	Site Area	10.93 万平方米
设计时间	Duration	2011.12
建成时间	Complete Time	2014.5
文　字	Article	路苏荣
摄　影	Photo	盛子菡　路苏荣

概述 Overview

燕山路是河西新城联系青奥场馆的轴线"绿色通道"，北起水西门大街，西南方向至金沙江西街，全长约5.5公里。奥体大街至金沙江西街段燕山路西侧有河道长约1.9公里，河道蓝线为15米，两侧约有10米绿化带，现状周边地块主要为商业及住宅用地，改造设计面积约为11万平方米。设计在南京"青奥"的主题指导下，坚持"人文、宜居、智慧、绿色、集约"的理念，构建具有"青奥"特色的生态绿化道路。

作为河西南部地区的一个重要工程，它的建设将在很大程度上改善项目周边的大环境，加强整个区域的景观效应，对招商引资也会有很大的促进。

Yanshan Road is a green corridor which connects the Nanjing River-West New City to the axis of the Youth Olympic venues. It starts from Shuiximen Street, extending about 5.5km southwest to Jinshajiang West Street, with a 1.9km waterway located from Olympic Street to Jinshajiang West Street beside the Yanshan Road.

The protection zone of the river (blue line zone) is 15 meters wide, with an additional 10-meters green belt on each side of it. The current landuse of the surrounding area is mostly commercial and residential land. The overall development area is about 110,000 square meters. The landscape design of the site is to establish an ecological corridor that represents the theme of the Nanjing Youth Olympic Game, with insisting on the idea of humanism, livability, wisdom, green and intensivism.

As an essential project in southern River-West New City, this project aims to substantially improve the environment of the surrounding area, enhance the landscape value and promote the investment and business of the whole area.

生态河道

道路绿化

中分带绿化

燕山路道路景观改造定位为：打造联系青奥场馆区域的"绿色通道"。滨河绿道定位为：游憩型都市绿道，重点打造市民休闲健身之道。设计策略是优化燕山路的慢行系统，打开滨河水面，突出青奥的运动元素，丰富绿化细节。

燕山路道路景观：中分带、侧分带改造内容主要为增加色叶书种，如北美枫香，加强道路的可识别性，取消侧分带下层球状植物，将下层植物统一规整，每隔6米设置花镜，种植鼠尾草、德国鸢尾、狼尾草、绣线菊、萱草等植物，丰富植物品种和绿化色彩。

亲水平台

人行道景观

整条道路保持现状的道路断面，慢行道以砖红色沥青铺设，强调整条路的慢行系统。人行道保留大部分现状路面，铺装替换成亮色系透水混凝土砖，加强道路的色彩感，改变原有行人的视觉感受，强化整条燕山路的可识别性。

盲道保留，以节约成本。替换出的旧砖可循环利用到道路滨河带的基础建设中。靠近小区的休闲绿地，减少原有大量常绿树种，适量增加色叶树种和草花，增加草坪面积，减少球类灌木，将人行视线打开，丰富人行道的景观空间。

部分道路边的围墙，可以配置垂直绿化，选用爬山虎等爬藤类以降低成本，丰富竖向空间的绿化量，为人们提供视觉上的节奏感和韵律感。

亲水平台

滨水道路

滨水绿化

水边栈道

河道断面不变，打破河道现状绿篱过高造成的密闭绿化空间，将部分绿化带改造成特色坐阶式广场，打开河道景观的观赏视线。

改造原有河道的木平台，替换木扶手增加舒适性，花坛收边改造成坐凳式，增加整个滨河空间的停留性。将原有青石板路改造成混凝土木纹压花，统一整条燕山路的景观色彩。

滨水绿化带内种植观赏草花，如马齿苋、孔雀草、金盏菊、红狼尾等等，在丰富道路绿化色彩的同时增加少量上层高大乔木，形成比较通透的滨河空间，并为停留的行人起到遮阳效果。

江宁西部生态旅游线景观工程

Western Jiangning Eco-Tourism Landscape Lines, Nanjing

设计团队 Design Group	唐小简　丁广明　许　扬　徐　佳　盛子菡
用地规模 Land Scale	28.3 公里
设计时间 Duration	2012.7—2013.5
建成时间 Complete Time	2013.5
文　字 Article	徐　佳
摄　影 Photo	钟　宁　盛子菡

概况 Overview

江宁西部生态旅游线，位于江宁西部生态旅游区内，全长28.3公里，连接若干水库，生态环境优越。其中，联一线全长13.4公里，联二线全长9公里，联二线北延线全长5.9公里。

整体设计旨在营造一种穿梭于自然之中的观览体验，最大程度地串联原生态的青山绿水，展现江宁淳朴的乡村风貌。景观设计提前介入，在道路线形及选址上，建议选择亲近自然、起伏蜿蜒、丰富多变的路线，并提出慢行系统的概念。植栽优先选择当地品种，营造空间收放，尽显生态野趣。

The lines in the western of Jiangning, located in the Western Jiangning Ecological Tourism District, which has a length of 28.3km, links numbers of reservoirs, thy environment is close to perfect.

The integrated design project wants to create an experience of to be swimming in the nature. It links hills and lakes etc. ecosystem, shows the vernacular landscape. The designer suggested that the routes should be diversity comply with the nature. We increased walking routes in it. Most of the plants come from local system, which create different spaces, give us more interests.

冲沟段水塘边漫步道

大片的原生态山林，珍珠般散落的洁净水库，清幽别致的金陵第一茶村，如果不是亲身来过，实在不知道南京城里竟有这样一处世外桃源般的好地方。

这就是设计师们初次进入江宁西部生态旅游区的感概。如何最大程度地保留和展现原有的青山绿水，淋漓尽致地体现淳朴的乡村特色，吸引游客前来休闲度假，成为设计的课题。

江宁西部生态旅游线，位于江宁西部生态旅游区内，全长28.3公里，由联一线、联二线、联二线北延线构成。

其中，联一线全长13.4公里，起于正方大道，串联了沿线的红庙、高庄、高山、朝阳、牌坊和战备6大水库后接联二线；联二线全长9公里，起于银杏湖大道，向西经过龙山、战备和直山3个水库；联二线北延线全长5.9公里，南接银杏湖大道，北临正方中路。

联二线湖畔木平台

沿线乡居风光

竹林与野花

整个生态旅游区内生态环境优良，地形地貌丰富，植被覆盖率高，其中零星分布着若干村庄。旅游线顺应地势、依山傍水，将西部一粒粒"珍珠"美景，串成一条生态休闲"项链"，展示着当地的地形地貌、山水资源和乡村风貌。

景观设计在机动车道一侧，引入慢行系统的概念，不仅吸引骑行爱好者的青睐，也提供了完整的自行车租赁系统，使得普通市民同样可以骑车欣赏。慢行道时而与机动车道并行，时而深入山林，时而亲近水边，路线比车行道更加起伏自由，增加了游览方式的丰富性和趣味性。慢行道沿线合理设置大大小小的驿站，可供人们驻足休息和观赏游玩。

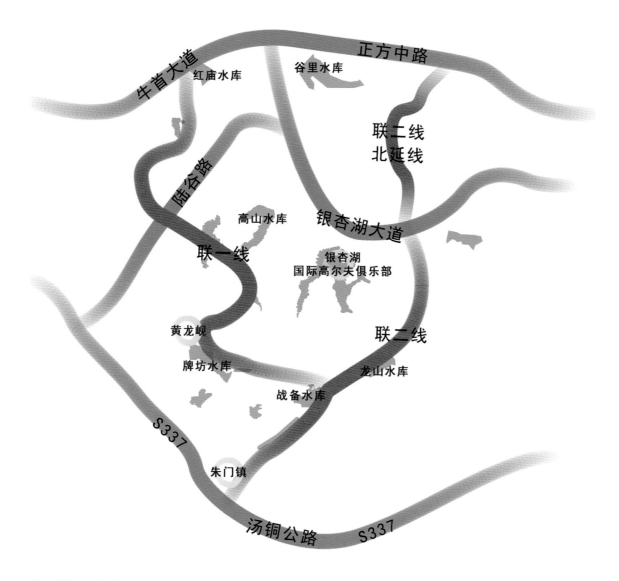

联二线结合现状的冲沟、谷地、丘陵、平坦等多样化的地形地貌和竹林、茶园、水库等景观特色，设置了入园揽胜、青山依旧、硕果飘香、竹林漫步、绿水别苑、丹枫夕照、活力水岸、田园细水、香堤花径、流连青翠等十个主题段落，并分别依据不同的主题，进行植物设计和景观氛围营造。

在植被设计上，摒弃了行道树+修剪绿篱的城市惯用手法，而是采用自然式的种植方式，或以群落式密林遮挡周围杂乱的景观，或打开视野供人们欣赏一览无余的油菜花田。上层树种优先选用苦楝、无患子、臭椿等当地乡土树种，下层弃用整形灌木，散开的芒草、狼尾草等更显乡村特色，五彩缤纷的大片野花混播更是4—10月的观赏大戏。

驾车或骑行在清静优美的山水之间，呼吸着清新的空气，不仅可以欣赏沿线风光，还可以驻足拜访附近的景点，例如谷里街道大塘金村400亩薰衣草田，被誉为五朵金花之一的朱门农家乐，江宁街道展现金陵茶文化的黄龙岘村……这些城市中珍贵的山水腹地和藏在深闺人未识的村庄，经过"擦拭打磨"，焕发出新的活力，向世人展示着诗意江宁的田园风光。

花塘开敞段

丘陵段效果图

商业办公景观 · 高档住宅景观

Commercial and Office Space & Resdential

商业办公景观·高档住宅景观　Commercial and Office Space & Resdential

聚宝山公园旅游服务街区建筑及景观工程

Landscape & Architecture Project of Jubaoshan Park Tourism Servic District, Nanjing

设计团队 Design Group	杨冬辉　丁广明　陶　敏　叶　麟　周艳华
用地面积 Site Area	889 309 平方米
建筑面积 Total Floor Area	34 910 平方米
设计时间 Duration	2007.5—2008.9
建成时间 Complete Time	2010.10
文　字 Article	丁广明
摄　影 Photo	盛子菡

概况 Overview

聚宝山公园位于南京主城与仙林新市区的交界处、钟山风景区的东北部。公园南有宁镇公路，东临仙尧路，西面和北面紧靠沪宁铁路，西面同时有宁龙公路、绕城公路从用地中间穿过，将公园自然地分成东西两片。公园总占地面积约2 100亩，项目建设旨在为整个公园建设相关服务及商业配套。

Jubaoshan Park is located in the northeast of zhongshan Mountain Scenic area, where the Xianlin New City connects to the main urban area of Nanjing. The park is north of Ningzhen Road and west of Xianyao road. The west and north sides of it are adjacent to Shanghai and Nanjing Railway. The Ninglong road and the Nanjing 's Ring Road are across the west part of the project site, dividing the park into a western part and an eastern part. The total area of the park is about 2 100 mu (140 hectares). The project is to develop service and commercial facilities for the entire park.

街区效果图

街区效果图

商业街内景

沿街立面

商业街鸟瞰

项目总体设计思路立足于聚宝山公园这一独特的自然环境要素，将多样化的功能进行统筹安排，从而最终获得"建筑"与"环境"相融相生、有机统一的互动局面。建筑规划采用整体分散和局部集中相结合的布局策略。

分散的布局有助于分解建筑体量，使之更好地融入环境；集中的功能，有助于形成建筑的规模效应，实现地块效益和使用效率的提升。具体设计中，我们对山体环境、场地标高、视觉关系等进行了详细的分析和研究，在此基础上建立建筑生成的逻辑脉络，使自然要素得以充分的体现与利用。

主轴线广场

彩釉玻璃

中心水景

高差的处理是本项目一个重要的特点。基地大部分位于坡地之中，设计充分合理地利用高差，采用并列、叠加、穿插等设计手法组织在一起，以"嵌""落""挑"等方式，不同层次、不同角度地契合坡地地形，实现建筑和环境的有机统一。

规划设计强调建筑和景观的一体化，立足坡地地形，从三维角度处理室内外景观，注重视觉的渗透和贯通，熟练运用传统园林中"对景""借景""造景"等设计手法，将自然美景和人工营造完美融合，实现总体环境"生境"—"画境"—"意境"的升华。

建筑外观采用现代风格，简洁、明快的建筑立面为复杂的高差环境提供清晰的界面和室外活动的背景。设计以陶土板为主体材质，搭配钢、彩釉玻璃等新型建筑元素，传达出时尚、活跃的空间氛围。

在整个项目的实施过程中，我们严密跟踪，适时适度地进行相关优化和调整，使建筑细部得到很好的设计控制，保证了建成效果。

项目自2009年建成以来，因其独特的外观和良好的环境，获得了广泛好评，街区空间、高差处理、立面材料等设计的主要思路都得到了时间的考验。

陶土板立面

入口树阵广场

商业街内小广场

三宝科技集团物联网工程中心建筑外环境景观工程

Enviromental Landscape Project of Sample Technology Group Internet of Things Engineering Center, Nanjing

设计团队	Design Group	杨冬辉　路苏荣　张小艳
设计指导	Instructor	张　彤（建筑设计）
用地面积	Site Area	11 000 平方米
设计时间	Duration	2013.4
建成时间	Complete Time	2014.7
文　　字	Article	路苏荣
摄　　影	Photo	杨冬辉

概述 Overview

三宝科技集团物联网工程中心建筑大楼位于紫金山以东马群科技园内，院落式布局的现代风格建筑群主体周边以多个镜面水池围合，自然地衔接了建筑与景观环境，景观用地面积约为1.1万平方米。

The Sample Technology Croup Internet of Things Engineering Center is located in the Maqun Technology park, which is east of Purple Mountain. The design of multiple reflection pools surrounding all of the modern-style building groups with courtyards creates a transition between the architecture and the landscape. The overall project area is about 110,000 square meters.

休憩条石

后花园景观

后花园一角

静水池

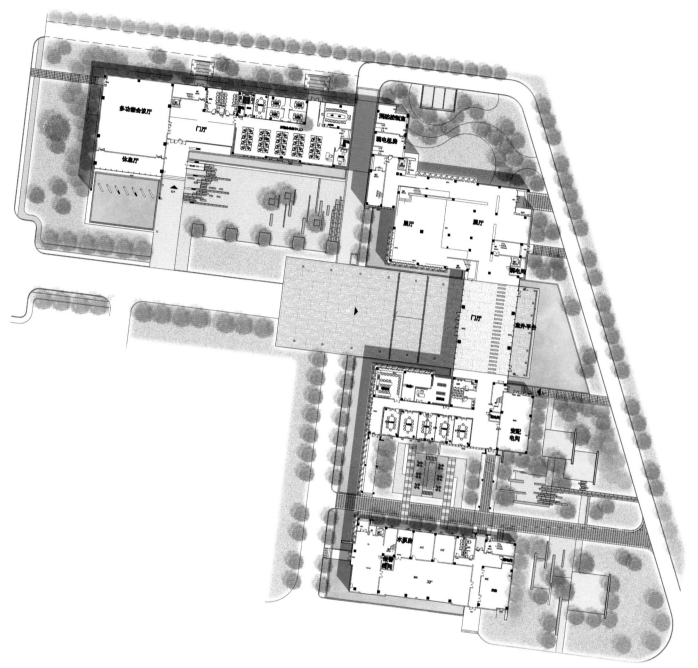

总平面图

三宝科技集团物联网工程中心景观设计具有独特的特征：采用现代科技的绿色办公系统，塑造多层次的交流互动空间，打造个性化的企业文化，展示舒适自然的休憩空间。

设计解读了建筑风格以及空间的特征，利用现代生态的设计手法以及景观元素，透过利落的线条与自然的植栽设计来强化高科技的未来感，试图用景观作为连接人与现代建筑的的桥梁，让人们置身于现代的办公环境中。

主入口广场：提取建筑立面的构图形式，进行重组和变化，通过大小高度不一的米白色粗糙面条石和白砂石形成景观的基础肌理，两三棵不对称的造景树、倒映着建筑与景观环境的静水池、阳光草坪，营造出纯净的现代枯山水式的办公环境。主入口的铺装采用颜色相似、肌理不同的异形分割石材铺装，在体现现代科技性的同时，增强人员进入的引导性，形成一个识别性强的个性化入口。

建筑主入口景观

入口景观

白砂广场

特色条石

建筑与水景：整个建筑的空间设计旨在创造出具有明确的空间特性和识别感的积极的外部空间，设计之初就将景观元素融入空间的规划之中，其中最重要的一个景观元素便是水景。围绕整个建筑主立面区域设计镜面水池，自然地过渡了建筑与景观空间，同时又很好地侧映衬出建筑主体，环绕的水景也强化了建筑院落式布局的特点。

建筑后院：延续米白色条石和白砂石的景观元素，增加了舒适性强的木平台空间，采用疏林草地的植物造景风格围合出充满阳光和氧气的办公休憩环境。以樱花为主的上层种植与白砂石的纯净力图在春季营造出烂漫的季节性特色景观。飘逸的芒草软化直线性景观布局和条石的硬朗，让整个环境充满了更人性化的灵动感。

种植设计：延续整个科技园的景观设计风格，入口对外形象区域的景观种植以规整的大乔木列植，简约而精致的空间感创造更加宁静的场地，局部砂石地点缀特选色叶乔木点景，形成具有视觉焦点、理性而富有节奏感的形象空间。

建筑后院以及中庭空间的种植，则更偏向自然人性化的配置，采用姿态舒散的开花乔灌木，与草地休憩设施结合共同营造出放松身心的闲适环境。

君临紫金景观设计

Landscape Design of Junlinzijin Residential, Nanjing

设计团队	Design Group	杨冬辉　路苏荣　蔡　峰　许　扬
用地面积	Site Area	37 390 平方米
设计时间	Duration	2008.5—2009.12
建成时间	Complete Time	2010.6
文　字	Article	路苏荣
摄　影	Photo	盛子菡

概况 Overview

本项目位于紫金山南麓，紧邻下马坊公园，处于南京理工大学和农业大学的生活圈内，拥有紫金山赋予的地理环境与自然风貌。紫金山是一座"城中山"，它紧邻主城区，拥有便利的交通网络，周边配套设施全面；紫金山又是整个南京的"绿肺"，在这里可以体验到与城市完全不同的感受；从历史的沉积来看，紫金山更是金陵文化重要的脉络。项目与美龄宫为邻，与中山陵为邻，人在此处居住，将获得历史与文化的完全体验。因此该项目被定位于"城市第一居所"，旨在建设一座紫金山脚下的人居式院落，一座传承家族精神的人文大宅。

The "Junlinzijin" residential project is located in the life circles of Nanjing University of Science and Technology and Nanjing Agriculture University. It is at south of Purple Mountain, adjacent to the Xiamafang Park, and has great nature scenery, historical and cultural context. The surrounding facilities are so great that this project is positioned as a "No. 1 urban residential area of the city" and aims to establish a livable modern Chinese-style community.

沿街建筑

特色巷道

入户口

中心景观

滨水景观

庭院一角

特色入户口

滨水景观

特色街巷

街巷一角

植物空间的营造：君临紫金的植物设计秉承了"新中式"简洁明朗的特点，以自然型和修建整齐的植物相配和，层次较少，品种选择也不多。设计以绿色为主色调，辅以花小色淡的开花植物，营造现代简洁的植物空间。白墙幽巷处多以竹子为主，起到弱化建筑以及分隔空间的作用，同时增加了空间的虚实感，强化了中国式的文化意境。

"君临紫金"项目是我们对"新中式"景观的尝试，是现代文化与传统文化碰撞的结晶，是人们在满足了物质生活的基础上更高层次的精神需求。"君临紫金"作为一处建在紫金山脚下的人居式院落，不仅要与紫金山的气质和精神匹配，更寄托了我们对于此项目所要承担的传承家族精神的人文大宅的期望。

152

水系

理水

置石小景

山水造景

长发诸公景观设计
Landscape Design of Changfazhugong Residential, Nanjing

设计团队 Design Group　叶菊华　杨冬辉　周　宁　李晓静
　　　　　　　　　　　　张亚伟　叶　麟　缪　丹　陈苑文

用地面积 Site Area　　　58 566 平方米

设计时间 Duration　　　 2014.8—2014.12

文　字 Article　　　　　 李晓静

概况 Overview

景观园林设计充分考虑到景观的均好性，挖掘不同区域的景观特色，并最大限度地区分私密空间与开放空间。针对设计定位和建筑布局，确定台地景观+私家庭院的空间格局。场地自北向南地形逐级抬高，通过台阶或台阶形成的缓坡解决高差问题，水系随地势形成高差变化，或跌水或水池，同时通过花坛、景墙、花钵等一系列景观元素，串联起南北轴线上的景观，使百余米的通道在行进过程中有着丰富的空间体验。联排别墅考虑居住的私密性，注重院落之间的遮挡。小尺度的院落适宜中式内院风格，院内搭配花街铺地、白墙、琉璃花窗、木质挂落、坐槛、湖石花坛及精致的植物，体现院落的中式特色。

The project fully considered the equalizing landscape value of each part of the site, explored distinguishing features of each area and optimally separated the private space and the open space. According to the design positioning and the building layout, we decided on the space concept of combining terrace landscape and private garden. The site rises gradually from north to south, using stairs or slopes formed by the stairs to account for the elevation difference.

A series of waterways that form small waterfalls and ponds runs through the site. This, along with the planter, feature wall, flower pots and other landscape elements, connects the view along the South-North axis and creates a rich spatial experience for people walking along the approximately 100-meters passage. We designed baffle features to provide privacy for each townhouse, and chose traditional Chinese garden style for those relatively small private yards. Flower pattern pavements, white walls, coloured glaze windows, wooden hanging fascias, seats, stone planters and the combination of various plants reflect Chinese culture and characteristics.

西侧区域跌水景观

东侧区域景观轴线

东侧区域景观轴线

长发诸公项目坐落在雨花风景区西南角，南临雨花南路，与雨花区政府隔街相望，东靠公交车站，西临共青团路。整个地块分A、B两片区，总规划用地49 332.8平方米，其中A地块（靠共青团路）占地约20 113.6平方米，B地块(靠雨花南路)占地约29 219.2平方米，规划容积率为1.1。

小区紧邻雨花台风景区。雨花台风景区作为南京市中三大风景区之一，具有重要历史意义，也是南京城中重要的生态园林区。在此地块中的设计应尊重历史，尊重现有环境，尊重原有的地理地貌。

整个项目地势北高南低，有着丰富的自然资源，规划设计中充分利用该优势，结合山高林密的自然条件，使建筑与自然融为一体，为业主提供极强的居住私密性。建筑主要为叠加别墅和花园洋房，外立面装饰主要为石材及真石漆、红砖等，立面色彩以暖色调为主，整体风格大气典雅。景观设计融合诸多经典民国元素，与建筑有机融合，营造生态自然的民国风情花园。并在入口区域设置过渡空间，通过大气而富有细节的大门设计，将小区内外隔离开来，并围合出小区内的半公共空间，为业主营造归属之感。

东侧区域景观主轴

西侧区域景观步道

剖面图

剖面图

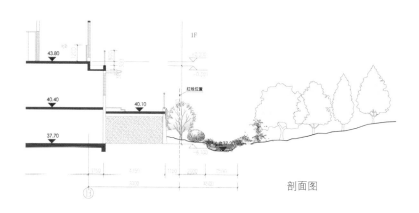

剖面图

中式内院铺砌花街铺地，以青石收边，白墙作为背景，墙上琉璃花窗，石桌石凳靠墙布置，墙角设花坛，湖石收边，修竹一丛，石笋矗立，或小乔木配以灌木球，底层满铺细叶麦冬，以精致的植物搭配为院落点景。后山部分位于雨花台风景区与长发诸公住宅区的交界处，作为景区景观向西南部的延伸，设计尊重并最大限度地保留现状地形及植被，仅在个别制高点点缀重檐亭、弧形廊架等，通过1.2米宽游览步道连通。基地现存三处池塘，与雨花台风景区交界处有截水沟，设计将池塘、截水沟作为整体考虑，互为沟通，巧妙地将雨花台风景区与住宅区通过天然水体分隔开来。

设计在场地东南角现状土坡处堆土，使其标高增加5.0米，同时，在住宅区临景区一侧的近4米高的挡土墙处，设置绿化隔离带及垂直绿化。通过堆土及增加垂直绿化、绿化隔离带的设计手法，尽可能减少了建筑对风景区视觉效果的影响。

地形的塑造和高差处理，舒适的邻里交流空间，民国风格小品和细节的把握，便捷和视觉兼顾的回家动线，自然体验的景观溪谷，将打造一个独一无二、低调奢华的民国风情宜居花园。

小区园路透视图

小区园路透视图

大发融悦景观设计

Landscape Design of Dafarongyue Residential, Nanjing

设计团队 Design Group　杨冬辉　唐小简　张亚伟　许　扬　盛子菡　崔　岚
用地面积 Site Area　　　27 224 平方米
设计时间 Duration　　　2015.4 至今

概况　Overview

本项目位于南京市玄武区双拜岗路西侧（原技工学校地块），本项目以"绿谷山居、活力社区"为设计理念，充分挖掘紫金山之神韵，提炼山脉之景观元素和绿化意向，强化山居体验。整体风格延续"新亚洲风格"的总体规划思路，通过绿化、构筑物、景观小品的设置打造富有传统韵味的人性化现代住区环境典范。

This item is located in the west side (the plot of former technician training school) of Shuangbai Rd., Xuanwu District, Nanjing City. Based on the design philosophy of "verdant mountainous residence and energetic community", the mountain residence experience is intensified by fully tapping the charm of Purple Mountain and extracting the landscape elements and greening intention of the mountain. The overall style is continuously based on the overall planning thought of "new Asian style", the humanized modern community environmental model with the traditional charming will be forged through landscaping and setting structures and small-sized landscape facilities.

构筑物

本项目位于南京市玄武区双拜岗路西侧（原南京市玄武区技工学校地块），项目用地面积约32 483平方米，其中景观面积约27 224平方米。地理位置优越，周边配套设施完备，距离孝陵卫地铁站约400米，紧邻南京理工大学、孝陵卫初中、森林摩尔购物中心。

本项目充分挖掘紫金山特色，强化山居体验。同时，通过引入多种轻型户外运动方式，着力打造活力动感社区，沿小区主环线设置彩色沥青跑道，并针对老年人和儿童群体设置多种类型的户外活动设施和场所。

项目整体核心景观沿主入口向东延伸。主入口尽端设计跌水景墙，形成富有动感的视觉焦点。入口铺地选用流水样式的线条将人自然引入小区内部优美的景观之中，通过个同材质和颜色来丰富景观视觉。主入口东侧广场用景观廊架、景观墙、整石坐凳和活动广场形成宅间景观区域，利用多层次景观构筑物及小品来丰富景观空间，尺度宜人，收放自如。广场东侧尽端为雕塑跌水池，作为次入口景观序列的起点形成入口视线的对景。北侧利用地形的高差设置挡土墙和台阶，步道两侧种植樱花，形成极富特色的樱花大道。次入口轴线尽端为休闲活动区域，为社区内主要活动健身场地。周围以大草坪围合，形成开阔舒朗的室外场地。广场西侧的休闲廊架采用钢结构仿木打造，结合塑木铺地为住户提供自然温馨的户外停留、休憩与交流场所，试图营造出室外公共客厅的景观效果。北侧核心景观组团以圆亭为核心，圆亭结合通风口设计，采用仿木钢景观，为照看孩子的居民提供休憩的场所。圆亭西侧为儿童活动区，场地内配有儿童游戏设施。通过绿化和地面铺装形成独立的安全区域，与其他交通人行、车行区域相隔离。

小区整体景观以多种多样的构筑物形式、层次丰富的活动空间、现代典雅的总体风格为主要特色，力图打造一处人性化的现代住区环境典范。

小区主入口

中心广场

中心廊架

入口水景

喷泉

中心广场构筑物

特色廊架

文化建筑空间景观 · 酒店度假景观

Cultural Architecture Space & Hotel and Resort

文化建筑空间景观 · 酒店度假景观　Cultural Architecture Space & Hotel and Resort

江苏省生态城区与绿色建筑展示中心景观设计

The Landscape Design of Jiangsu Eco-City and Green Building Exhibition Center , Nanjing

设计团队	Design Group	唐小简　周艳华　蔡　峰
用地面积	Site Area	4000 平方米
设计时间	Duration	2013
建成时间	Complete Time	2013
文　　字	Article	唐小简
摄　　影	Photo	盛子菡

概述 Overview

本案紧扣绿色展馆的建筑设计理念，注重场地的自然环境，采用多种与自然和谐共生的绿色技术，实现在资源消耗小、环境负荷冲击小的条件下，资源最大化利用。围绕"技术利用"和"技术展示"，形成因地制宜、先进前瞻的低碳生态技术展览场地。

This project follows the design concept of green exhibition hall closely. It emphasizes on the natural environment of the construction site, adopting many kinds of green techniques to make sure of the environmental harmony and coexistence. In this way, on the condition of reducing of the resources consumption and environmental load, it takes advantage of resources maximally. Centering on the technique utilization and concentration, this exhibition site presents the adjusted measures to the local conditions and the technique of realizing low-carbon environment.

生态湿地

木栈道及垂直绿化墙

该项目用地位于应天大街与江东中路交叉口东南角地块内,东临云锦路,南临怡康街,北靠河西新城开发建设指挥部办公楼。该展示馆将展示河西新城在低碳城市措施、低碳建筑技术、低碳施工工艺、低碳生活模式等几个方面的运用,同时展示馆本身也成为生态节能技术方面的示范建筑,在总体规划布局到单体建筑设计都努力降低对于能源的需求。建筑本身将成为资源节约、环境友好、空间灵活,同时可快速建造、快速拆除的低碳绿色建筑范本。

作为省市共建的展馆以及绿色、低碳技术应用的典型示范,展馆将引领绿色、低碳、节能的发展方向,建筑与景观本身都将成为重要的展示内容之一。景观方案设计紧扣展馆建设项目的要求,在满足展示功能的前提下,注重环境品质特点,结合场地的风、光、水、地进行设计,并且采用因地制宜、与自然和谐共生的绿色建筑技术,秉承坚持"被动式"技术为主,"主动式"技术为辅的原则,贯彻"自然融合""可推广"的设计理念。

水生植物

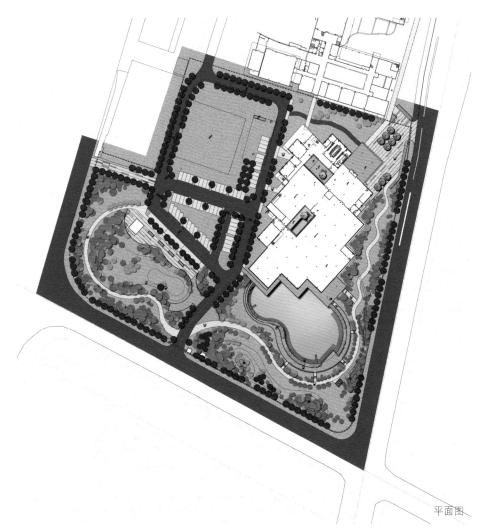

平面图

休息区全景

水边栈道

休息木椅

在景观设计中，主要采用了几种设计技术手法。首先，采用多样化透水地面设计，室外透水地面面积占室外地面面积比例≥40%，景观场地除了绿化自然透水外，人行铺装与车行道路均选取了透水混凝土，以及透水砂石地面。停车位采用了高承载式植草地坪，使整个室外场地透水率达到90%以上。

在绿化种植方面，绿化物种选择适宜当地气候和土壤条件的乡土植物，且采用包含乔、灌木的复层绿化，建筑墙体垂直绿化设计与建筑保温计算相结合，降低建筑能耗。水生植物进行水处理生态计算，选择多种沉水植物进行搭配以满足保持水质、净化水质的要求。

室外雨水收集系统处理，满足景观用水、建筑中水要求；绿化灌溉采取喷灌、微灌等节水高效的灌溉方式。

在可再生材料的展示方面，室外局部采用了可再生塑木材料，场地一角展示了一组模块化装配建筑成品。

在照明设计方面，景观照明的灯具选择以太阳能灯具为主。

建筑空调设计采用地送风形式，景观设计时结合这一要求组织了地形与植物群落，使得东南角送风口能完美运行。

中山陵朱元璋骑马雕塑公园景观设计

Landscape Design of Zhu Yuanzhang Equestrian Sculpture Park in Zhongshan Scene Area, Nanjing

设计团队	Design Group	杨冬辉　路苏荣
用地面积	Site Area	4 900 平方米
设计时间	Duration	2014.2
建成时间	Complete Time	2014.8
文　字	Article	路苏荣
摄　影	Photo	盛子菡

概述 Overview

朱元璋骑马雕塑公园位于南京钟山风景名胜区中山陵内，紧靠明孝陵博物馆，西南侧为梅花谷。改造地块面积总计
4 900平方米。因其中心主体是历史人物雕塑，场地又位于风景名胜区明孝陵的大环境中，整个景观设计在满足烘
托雕塑本身的情况下，更旨在创造具有历史感、宁静、深邃、幽美的能够完全融入风景区中的纪念性空间。

Zhu Yuanzhang Equestrian Sculpture Park is located in the Zhongshan Scene Area in Nanjing, nearby the Mingxiaoling
Museum, lying to the west of Plum Valley. The park takes an area of 4900m², the centre of it is the sculpture which is
a famous historical celabraty-Empire of the ming Dynaty, other units are lighten for the sculpture and show us a space
with historical、quiet、beautiful.

朱元璋雕像及基座

铺装细节

特色景墙

特色铺装

朱元璋骑马雕塑面向北面宝顶的方向，为了更好地展示雕塑的纪念性氛围，将广场的位置选在了基地的东南角，给予雕塑开敞的视线空间，同时也保留了现场长势良好的水杉林和柏树林。在游人经过的两侧大道分别开设进入广场的轴线性较强的开放式入口道路。景观设计首先对雕塑本身、朱元璋生平事迹进行解读：朱元璋是一位布衣出生，经历出家做和尚、起义成为义军首领到明朝开国皇帝的传奇人物，也是一位有着强烈的中央集权思想的君主。

其次将雕塑基座与广场景观整体统一考虑，采用向心性最强的圆形广场形式，将雕塑放置在中央来体现朱元璋的集权思想，形成朱元璋的纪念性空间、景区游览的新景点。雕塑广场是游客进入大金门前的一个比较重要的空间，雕塑本身给游客展示了游览明代开国皇帝朱元璋的陵地明孝陵的序幕，成为游客纪念性停留休憩的重要景观。

景观设计的目标是营造宁静、深邃、幽美、精致的周边景观意境，创造出具有历史感、格局形制的雕塑广场。

设计的特色为材质的碰撞：景观空间意境的营造，材质的选择是本次设计的重点。

铺装细节

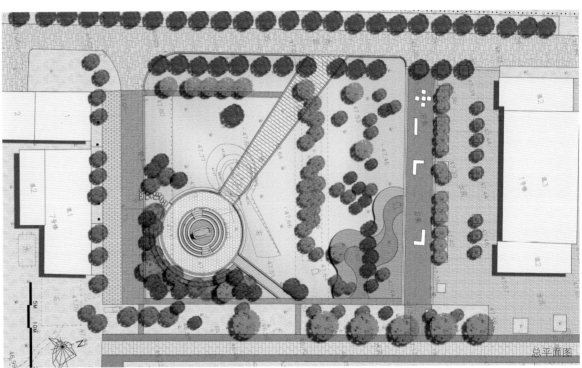

总平面图

雕塑基座材质：基座选用长约3.7米、宽约1.7米、高2米的边界不规则的金山石整石直接落嵌在圆形广场铺装中，整石四周手凿自然肌理打造粗犷感，基座本身的厚重以及强烈的雕塑感与朱元璋骑马雕塑浑然一体。

广场铺装：整个广场铺装采用大尺寸的花岗岩，通过颜色相近，自然面、菠萝面、荔枝面三种不同的表面粗糙处理石材相穿插营造景观的粗犷沧桑感，同时增强入口与广场方向的引导性。广场的外延利用散置碎石增加更为自然的肌理场地，自然地衔接了景墙坐凳以及基座的关系，同时隐蔽性地处理了场地的排水。

景墙与坐凳：弧形渐变景墙，采用0.6~2.3米高、0.3~0.4米厚菠萝面黄金麻整石材异形切割拼接，0.9米宽的黄金麻荔枝面特色坐凳与景墙穿插形成半围合空间，丰富了景观的层次感。

主要入口道路及汀步：主入口铺装采用尺寸较大、质感明显的石材嵌草，营造强烈的轴线道路，嵌草的处理增加了场景的自然沧桑感，凸显的同时又能很好地融入环境。自然石块的汀步让整个小空间增加了更多的寻味细节。

南京幕燕滨江风光带"五马渡广场"

Wumadu Square Landscape Project of the Muyan Riverside Scenic Belt, Nanjing

设计团队 Design Group　杨冬辉　赵思毅　赵　迎　徐　佳
用地面积 Site Area　　　30 000 平方米
设计时间 Duration　　　2009.3—2009.5
建成时间 Complete Time　2010.4

概述 Overview

南京幕燕滨江风光带"五马渡广场"景观工程，以长江文化为主题，是幕燕滨江风光带的地标性景观标志，也是滨江风光带的核心景点之一。五马渡广场恢复再见了金陵四十八景中的"化龙丽地"历史典故，传承了幕燕地区的历史文脉，提升了幕燕滨江风貌区作为南京市主城重要结构性绿地的品质，更体现了南京滨江作为城市窗口地区的特色。本设计旨在运用抽象和写实、历史和现在、传统和现代、动态与静态等手法，将历史神话的传奇性融入周边环境中去，利用现代设计语汇将这一地段的历史文化充分、形象地展示出来，把广场打造成为整个滨江风貌区的标志性景观。景观工程包括广场硬质铺装、沥青道路、生态植草砖、亲水栈道、毛石挡墙以及雕塑小品、十朝雕刻、水池、马蹄景墙、花池挡墙、园路、台阶、标志景石等。

The Wumadu Square is a landmark as well as one of the core scenic spots of the Nanjing Muyan Riverside Scenic Belt. The theme of the Wumadu Square landscape project is the Yangzi River culture. The square inherits the historical context of the Muyan area, enhances the quality of the Muyan Riverside Scenic Belt (an important structural green space in downtown Nanjing) and displays the landscape features of a city gateway area.

The project aims to highlight the historical context of the site with modern design methods. The landscape elements include pavements, asphalt roads, grass pavers, decks, stone walls, sculptures, carvings of the ten dynasties, water pools, horse feet feature walls, plater walls, garden roads, stairs and landmark stones.

"五马渡广场"地处南京幕燕滨江风貌区幕府山北麓的江边，广场景观设计面积约为30 000平方米。据考证，为西晋时期琅琊王司马睿、弋阳王司马羕、南顿王司马宗、汝南王司马佑、彭城王司马纮南迁渡江之地。后民间相传，司马睿所乘坐骑到此后即化龙飞去，成为其称帝前之"吉兆"。公元317年，司马睿（晋元帝）在南京（建康）正式建都，创建东晋王朝。五马渡因此而得名，并成为金陵四十八景之一——"化龙丽地"。基地所在幕燕滨江风貌区位于南京市城北的长江之滨，是南京主城区北部重要的绿色屏障，也是反映南京历史人文景观与大江风貌的窗口地区。基地南侧为幕府山，北靠黄金水道——长江，并面向长江中的八卦洲。五马渡广场地处南京长江大桥与二桥之间，当年的渡口如今依然存在，在此看滚滚长江，浩浩荡荡，一泻千里，蔚为壮观。

纪念石碑

雕塑

硬质广场

景观台级

雕塑细节一

雕塑细节二

基地周围环境景观的组成既具有鲜明的长江流域城市的特点，更具有地域性的独特风貌，以及丰厚的历史文化底蕴（该地区亦是达摩一苇渡江等历史典故发生之地）。基地交通便利，水陆交通发达，旅游可达性好，同时串联着风貌带内其他知名度较高的景区（燕子矶、头台洞、三台洞等），是南京城市规划目标中作为幕燕滨江风光带的地标性景观标志。

方案设计构思从创建开放的广场空间形态入手。基于该广场南侧毗连幕府山和城市道路的地形特点，设计组织了开放式广场空间，以保持交通与视线的通畅。在广场沿江的北侧设计一条下沉的滨水步道，保持及优化原自然景观依山傍水的空间特征。同时进行合理的功能空间区分，提升广场西北侧已有的渡口功能，完善相应的配套设施，有效区分广场东区的观光休闲与西区轮渡交通的功能作用。该设计还运用了对比与统一的设计语言，旨在运用抽象和写实、历史和现在、动态与静态等方法，将历史的传奇性融入广场环境中，利用现代设计与艺术的语汇将这一地段的历史转化成可解读的故事空间，彰显历史典故的意义。

雕塑细节

本项目综合运用多种设计手法。采用"叙事"的手法，以长江为起点，以幕府山为背景，设置一条自北向南的景观轴线。长条形水池将极富动态感的主题雕塑与平静的水面结合起来，营造出马队自北向南，踏江而来的壮观场景。半围合的马蹄形广场隐喻了奔马踏上岸一瞬间留下的历史印记。还运用"联想"的设计语汇，着重处理广场空间与公众的衔接关系，寻求市民与水的对话。水池造型简洁，尽端与圆形浮雕台基相衔接，形成整体的水质景观台面。水池台高适合游客从滨江路及广场的多角度观赏，在视觉上池水连接着江水，构成池中的奔马如同在江水中奔腾而来视觉印象。同时，采用"解读"的方式描述雕塑主体，在马和龙雕塑的风格处理上，参考了西晋马和东晋龙的历史资料，象征性地体现出司马睿引领历史由西晋向东晋的蜕变。围绕主体雕塑的浮雕"时间轴"将历史中定都金陵的历朝记录印刻在编年序列中，用文字叙述城市历史。广场西北侧沿广场道路排列的石碑，篆刻了各个朝代城区的地图，用绘画的形式表现城市的演变。

项目整体设计融合自然，广场有效利用周边的自然元素，依山亲水。采用自然形态的绿地与置石，因地制宜设置花岗石、防腐木硬地铺装。周边不同种类的树池绿化形成相对安静的空间。景观设计与艺术创造一体化，共同讨论、同步展开，共同的设计目标，多样化的表达形式，以艺术唱诵历史，体现人性化的公共理念，营造愉悦的历史阅读空间。

紫云山庄景观规划设计

Ziyun Villa Landscape Planning, Jintan

设计团队 Design Group	杨冬辉　侯冬炜　蔡　峰　伍清辉
用地面积 Site Area	13 公顷
设计时间 Duration	2009 至今
文　　字 Article	侯冬炜
摄　　影 Photo	甲方提供

概述 Overview

紫云山庄是江苏金坛茅山景区一处五星级的远郊度假酒店。紫云山庄景观规划设计依托现状，利用理水、堆坡、山水联系等一系列设计手段，将原有平淡的自然环境进行景观地形的利用和营造，从而勾勒出起伏变化、大小相间的景观空间，实现山青水秀的度假环境。

Ziyun Villa is a five-star resort hotel in the Mao Mountain Scenic Area of Jintan, Jiangsu. The landscape planning is based on the exsiting site condition. The project created a rich, dynamic and naturalistic landscape by restoring the natural waterways and rearranging the terrain.

水湾

湖景

跌水

林间木栈道

木栈道

亲水平台

紫云山庄位于江苏省金坛市茅山景区核心区外围，紧邻仙姑文化村，是一处五星级的远郊度假酒店。项目总用地为119.8公顷，其中开发建设用地为8.35公顷。

紫云山庄的客户群针对周末或假期出行的高端客户人群，通过创造与城市不同的"户外山水桃源"氛围来吸引游人前往。

紫云山庄在地形设计上尊重场地条件，实现地形的利用和营造，强调"师法自然，因地制宜"，营造山青水秀的度假环境。

设计依据地势，依托原有地形大的走向关系，将原有水塘连接成中心水系，四面利用中心平坦地势和周边山体的高差，通过一系列大小尺度不同的堆坡，创造蜿蜒曲折和复杂多变的景观效果。

根据基地山形地貌特点，地形设计因地制宜，对原有中心平坦区域的水系和水塘进行扩挖和连接，形成蜿蜒而下的人工水系。设计完成后的水系分为中心湖、云湖、溪谷涧流三大部分，在高差变化之处塑石为溢水坝，形成叠石瀑布。

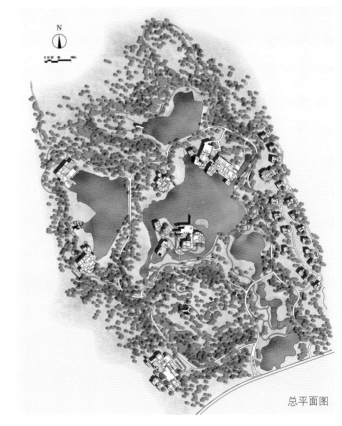

总平面图

入口湖景

小湖景

水边平台

入口湖景

木栈道

紫竹廊

湖岸

除去原有四面的自然山地，围绕着中心水系的新堆绿坡有13个，最大的约有65米x92米，最小的约有25米x13米，有单独成坡，也有两个或三个绿坡连成一个山坡，大小不一。连绵起伏的绿坡，有高有低，有凸有凹，有曲有深，有平有坦，使得空间时而开阔平坦，时而幽静祥和。微地形处理使得空间层次更加丰富。

紫云山庄的地形设计与水系相结合，除了水系形成湖泊、溪流的变化，地形也顺势成为连绵的绿坡和水中的岛屿。水中岛屿共有九个，形态多样，大小和高度不一，将中心湖面进行了分

雾中湖景

水生植物

隔，形成主次分明、大小不一的水体。紫云山庄的种植设计主要采用自然式种植，依据绵延起伏的绿坡地形，随形就势，山顶种植成片的高大乔木，随着坡度的下降和地形的变化，采用小乔木和灌木的组合。

地形，是景观的基础和骨架，地形的起伏变化，勾勒出景观空间的轮廓，创造了开敞及遮蔽的不同视景。当人们沿着景观小径行走时，连绵起伏的地形让前方的视线时而开阔，时而遮蔽，峰回路转，使你永远不知道下一个转角会是什么样的风景，这正是景观设计令人激动之处。为了给客人创造出令人惬意与放松的自然休闲氛围，紫云山庄的设计透过模仿自然山水的地形营造，结合多种景观元素，传达出自然山水的意趣，给人们提供颐养身心的场所。

图书在版编目（CIP）数据

东南大学建筑设计研究院有限公司50周年庆作品选.
景观·园林：2005～2015 / 东南大学建筑设计研究院有
限公司著. -- 南京：东南大学出版社，2015.12
　　ISBN 978-7-5641-6181-1

　　Ⅰ. ①东… Ⅱ. ①东… Ⅲ. ①建筑设计－作品集－中
国－现代②景观设计－作品集－中国－现代 Ⅳ.
①TU206②TU986.2

　　中国版本图书馆CIP数据核字（2015）第294986号

书　　名　东南大学建筑设计研究院有限公司50周年庆作品选　景观·园林（2005—2015）
责任编辑　戴　丽　魏晓平
书籍装帧　皮志伟
责任印制　张文礼
出版发行　东南大学出版社
社　　址　南京市四牌楼2号（邮编：210096）
出 版 人　江建中
网　　址　http://www.seupress.com
印　　刷　上海雅昌艺术印刷有限公司
开　　本　787mm×1092mm　1/8
印　　张　24.5
字　　数　368千字
版　　次　2015年12月第1版
印　　次　2015年12月第1次印刷
书　　号　ISBN 978-7-5641-6181-1
定　　价　280.00元
经　　销　全国各地新华书店